國防部
作戰會報紀錄
（1946-1948）

Warfare Meeting Minutes,
Ministry of National Defense, 1946-1948

陳佑慎　主編

導讀

陳佑慎 國家軍事博物館籌備處史政員
國防大學通識教育中心兼任教師

一、前言

　　1946 至 1949 年間，中國大陸 900 餘萬平方公里土地之上，戰雲籠罩，兵禍連結，赤焰蔓延，4 百餘萬（高峰時期數字）國軍部隊正在為中華民國政府的存續而戰。期間，調度政府預算十分之七以上，指揮大軍的總樞——中華民國國防部，以 3 千餘名軍官佐的人員規模（不含兵士及其他勤務人員），辦公廳舍座落於面積 2.3 公頃的南京原中央陸軍軍官學校建築群。[1] 這一小片土地上的人與事，雖不能代表全國數萬萬同胞的苦難命運，卻足以作為後世研究者全局俯瞰動盪歲月的切入視角。

　　如果研究者想以「週」作為時間尺度，一窺國防部 3 千餘軍官佐的人與事，那麼，本次出版的國防部「部務會報」、「參謀會報」、「作戰會報」紀錄無疑是十分有用的史料。國防部是一個組織複雜的機構，當時剛剛仿效美軍的指揮參謀模式，成立了第一廳（人事）、第二廳（情報）、第三廳（作戰）、第四廳（後勤）、

1　關於國防部成立初期的歷史圖景，參閱拙著《國防部：籌建與早期運作（1946-1950）》（臺北：民國歷史文化學社，2019）相關內容。

第五廳（編訓）、第六廳（研究與發展）等所謂「一般參謀」（general staff）單位，以及新聞局、民事局（二者後併為政工局）、監察局、兵役局、保安局、測量局、史政局等所謂「特業參謀」（special staff）單位。上述各廳各局的參謀軍官群體，平時為了研擬行動方案，討論行動方案實施辦法，頻繁召開例行性的會議。本系列收錄的內容，就是他們留下的會議紀錄。

國防部也是行政院新成立的機關，接收了抗日戰爭時期國民政府軍事委員會、行政院軍政部的業務。過去，民國歷史文化學社曾經整理出版《抗戰勝利後軍事委員會聯合業務會議會報紀錄》、《軍政部部務會報紀錄（1945-1946）》等資料。它們連同本次出版的國防部部務會報、參謀會報、作戰會報，都是國軍參謀軍官群體研擬行動方案、討論行動方案實施辦法所留下的足跡，反映抗日戰爭、國共戰爭不同階段的時空背景。讀者如有興趣，可以細細體會它們的機構性質，以及面臨的時代課題之異同。

國防部的運作，在 1949 年產生了劇烈的變化。1948 年 12 月起，由於國軍對共作戰已陷嚴重不利態勢，國防部開始著手機構本身的「轉進」。這個轉進過程，途經廣州、重慶、成都，最終於 1949 年 12 月底落腳臺灣臺北；代價是過程中國防部已無法正常辦公，人員絕大多數散失，設備僅只電台、機密電本、檔案等重要公物尚能勉強運出。也因此，本系列收錄的內容，多數集中在 1948 年底以前。至於機構近乎完全解體、百廢待舉的國防部，如何在 1950 年的臺灣成功東山再

起？那又是另一段波濤起伏的故事了。

二、國防部會報機制的形成過程

在介紹國防部部務會報、參謀會報、作戰會報的內容以前，應該先回顧這些會報的形成經過，乃至於國軍採行這種模式的源由。原來，經過長時間的發展，大約在 1930 年代，國軍為因應高級機關特有的業務龐雜、文書程序繁複、指揮鈍重等現象，逐漸建立了每週、每日或數日由主官集合各單位主管召開例行性會議的機制，便於各單位主管當面互相通報彼此應聯繫事項，讓主官當場作出裁決，此即所謂的會報。這些會報，較之一般所說的會議，更為強調經常性的溝通、協調功能。若有需要，高級機關可能每日舉行 1 至 2 次，每次 10 到 15 分鐘亦可。[2]

例如，抗日戰爭、國共戰爭期間，國軍最高統帥蔣介石每日或每數日親自主持「官邸會報」，當場裁決了許多國軍戰守大計，頗為重要。可惜，該會報的原始史料目前僅見抗戰爆發前夕、抗戰初期零星數則。[3] 曾經擔任軍事委員會軍令部第一廳參謀、國防部第三廳（作戰廳）廳長，參加無數次官邸會報的許朗軒，在日後生動地回憶會報的進行方式，略云：

---

2 「會議會報調整辦法」，〈軍事委員會最高幕僚會議案（二十九年）〉，《國軍檔案》，檔號：29 003.1/3750.5。

3 抗戰時期官邸會報的運作模式，蘇聖雄已進行過分析，參見蘇聖雄，《戰爭中的軍事委員會：蔣中正的參謀組織與中日徐州會戰》（臺北：元華文創，2018），頁 68-83。國共戰爭時期及其後的官邸會報情形，參見陳佑慎，《國防部：籌建與早期運作（1946-1950）》，頁 129-138。

作戰簡報約於每日清晨五時在（蔣介石官邸）兵棋室舉行。室內四周牆壁上，滿掛著覆有透明紙的的大比例尺地圖。在蔣公入座以前，參謀群人員必須提早到達，各就崗位，進行必要準備。譬如有的人在透明紙上，用紅藍色筆標示敵我戰鬥位置、作戰路線以及重要目標等……一陣緊張忙碌之後，現場暫時沉寂下來，並顯出幾分肅穆的氣氛。斯時蔣公進入兵棋室，行禮如儀後，簡報隨即開始。先由參謀一人或由主管科長，提出口頭報告，對於有敵情的戰區，如大會戰或激烈戰鬥正在進行的情形，作詳細說明，其他無敵情的戰區則從略。蔣公於聽取報告後，針對有疑問的地方，提出質問，此時則由報告者或其他與會人員再做補充說明。或有人提出新問題，引起討論，如此反覆進行，直到所有問題均獲得意見一致為止。最後蔣公則基於自己內心思考、分析與推斷，在作總結時，或採用參謀群提報之行動方案，或對其行動方案略加修正，或另設想新戰機之可能出現，則指示參謀群進行研判，試擬新的行動方案。簡報進行至此，與會人員如無其他意見，即可散會。此項簡報，大約在早餐之前，即舉行完畢。[4]

　　蔣介石在官邸會報採用、修正或指示重新研擬的行動方案，必須交由軍事委員會各部或其他高級機關具體辦理。反過來說，軍事委員會各部或其他高級機關也可

4　許承璽，《帷幄長才許朗軒》（臺北：黎明文化，2007），頁48-49。

能主動研擬另外的行動方案，再次提出於官邸會報。
而軍事委員會各部與其他高級機關不論是執行、抑或研
擬行動方案，同樣得依靠會報機制。例如，抗日戰爭
期間，軍事委員會參謀總長何應欽親自主持「作戰會
報」，源起於 1937 年 8 月軍事委員會改組為陸海空軍
大本營（後取消，仍維持以軍事委員會為國軍最高統帥
部），而機構與組織仍概同各國平時機構，未能適合戰
時要求，遂特設該會報解決作戰事項。軍事委員會作戰
會報的原始紀錄，一部分收入檔案管理局典藏《國軍檔
案》中，有興趣的讀者不妨一讀。

再如，前面提到，民國歷史文化學社業已整理出版
的《抗戰勝利後軍事委員會聯合業務會議會報紀錄》，
則是抗日戰爭結束之初的產物。當時，蔣介石親自主
持的官邸會報照常舉行，依舊為國軍最高決策中樞；
軍事委員會的作戰會報，因對日作戰結束，改稱「軍
事會報」，仍由參謀總長或其它主要官長主持，聚焦
「綏靖」業務（實即對共作戰準備）；軍事委員會別設
「聯合業務會報」（1945 年 10 月 15 日前稱聯合業務
會議），亦由參謀總長或其它主要官長主持，聚焦軍事
行政及一般業務。[5] 以上所舉會報實例，決策了許多國
軍重大政策方針。至於民國歷史文化學社另外整理出版
的《軍政部部務會報紀錄（1945-1946）》，讀者則可
一窺更具體的整軍、接收、復員、裝備、軍需、兵工、

---

5 陳佑慎主編，《抗戰勝利後軍事委員會聯合業務會議會報紀錄》
（臺北：民國歷史文化學社，2020），導讀部分。

軍醫等業務的動態執行過程。[6]

　　及至 1946 年 6 月 1 日，國民政府軍事委員會、軍事委員會所屬各部，以及行政院所屬之軍政部，均告撤銷，業務由新成立的行政院國防部接收辦理。這是國軍建軍史上的一次重大制度變革。因此，除去官邸會報不受影響以外，其餘軍事委員會聯合業務會報、軍事委員會軍事會報、軍政部部務會報都不再召開，代之以新的國防部部務會報、參謀會報、作戰會報。國防部部務會報由國防部長主持，參謀會報與作戰會報由新制的國防部參謀總長（職權和舊制軍事委員會參謀總長大不相同）主持。前揭三個會報的紀錄，構成了本系列的主要內容。

　　事實上，國軍高級機關在大陸時期經常舉行會報的作法，延續到了今天的臺灣，包括筆者所供職的臺北大直國防部。儘管，隨著時間發展、軍事制度調整，國軍各種會報的名稱持續出現變化。再加上歷任主事者行事風格的差異，各種會報不論召開頻率、會議形式、實際功效等方面，都不能一概而論。不過，會報機制帶有的經常召開性質，可供各單位主管當面互相通報彼此應聯繫事項、再由主官當場裁決的功能，大致始終如一。也因此，對研究者來說，只要耙梳某一機關的會報紀錄，就能在很大程度上綜覽該機關的業務，並且可以每週、數日為時間尺度，勾勒這些業務如何因時應勢地執行。

6　陳佑慎主編，《軍政部部務會報紀錄（1945-1946）》（臺北：民國歷史文化學社，2021），導讀部分。

三、國防部部務、參謀、作戰會報的實施情形

本次整理出版的國防部部務會報、參謀會報、作戰會報，具體的實施情形為何呢？1948 年 6 月 9 日，國防部第三廳（作戰廳）廳長羅澤闓曾經歸納指出：部務會報與部本部會報（部本部會報紀錄本系列並未收錄，後詳）「專討論有關軍政業務」，作戰會報「專討論有關軍令業務」，參謀會報「專討論軍令軍政互相聯繫事宜」。[7]

如果讀者閱讀羅澤闓的歸納後，仍然感到困惑，其實並不會讓人覺得詫異。1946 年 8 月，空軍總司令周至柔在參加了幾次國防部不同的會報後，同樣抱怨「本部（國防部）各種會報，根據實施情形研究，幾無分別」，要求「嚴格區分性質，規定討論範圍」（部務會報紀錄，1946 年 8 月 17 日）。問題歸根究底，國軍各種會報大多是在漫長時間逐漸形成的產物，實施情形也常呈現混亂結果。而就國防部各種會報來說，真正一眼可判的分別，並非會議的討論議題範圍，其實是參與人員的差異。

各種會報參與人員的差異，直接受到機關主官職權、組織架構的影響。1946 年 6 月 1 日成立的國防部，對比她的前身國民政府軍事委員會，主官職權與組織架構均有極大的不同。軍事委員會以委員長為首長，委員長總攬軍事委員會一切職權。反之，國防部在成立初期

---

7 「第三廳廳長羅澤闓對國防部業務處理要則之意見」（1948 年 6 月 9 日），〈國防部及所屬單位組織職掌編制案〉，《國軍檔案》，檔號：581.1/6015.9。

階段，雖然國防部長地位稍高於國防部參謀總長（以下簡稱參謀總長，不另註明），但實質上國防部長、參謀總長兩人都可目為國防部的首長。國防部長向行政院長負責，執掌所謂「軍政」。參謀總長直接向國家元首（先後為國民政府主席、總統）負責，執掌所謂「軍令」。時人有謂「總長不小於部長，不大於部長，亦不等於部長」，[8] 語雖戲謔，卻堪玩味。

　　國防部長本著「軍政」職權，主持國防部「部本部」的工作，平日公務可透過「部本部會報」解決。參謀總長本著「軍令」職權，主持國防部「參謀本部」的工作，平日公務可透過「參謀會報」、「作戰會報」解決。原則上部本部人員不參加參謀會報、作戰會報，參謀本部人員不參加部本部會報。部本部與參謀本部倘若遇到必須聯繫協調事項，則透過國防部長主持的「部務會報」解決。（部務會報紀錄，1946 年 8 月 17 日、1947 年 4 月 12 日）

　　至於所謂「軍政」、「軍令」的具體分野為何？或者更確切地說，部本部、參謀本部的業務劃分究竟如何？國防部長和參謀總長的職權關係係究竟如何？這些問題，從 1946 年起，迄 2002 年國防二法實施「軍政軍令一元化」制度以前，長年困擾我國朝野，本文無法繼續詳談。不過，至少在本系列聚焦的 1946 至 1949 年範

---

8 「立法委員對本部組織法內容批評之解釋」（1948 年 3 月），〈國防部及所屬單位組織職掌編制案〉，《國軍檔案》，檔號：581.1/6015.9；「抄國防部組織法審核報告」，〈國防部組織法資料彙輯〉，《國軍檔案》，檔號：581.1/6015.10。

圍內，參謀總長主持的參謀本部實質上才是國防部主
體，國防部長直屬的部本部則編制小，職權難伸，形
同虛設。[9] 1948 年 7 月 1 日，部長辦公室主任華振麟甚
至在部本部會報上提出：部本部「決策與重要報告不
多」，部本部會報可從每週舉行一次改為每兩週舉行一
次。當時的國防部長何應欽，即席表示同意。[10] 此一部
本部會報紀錄，本系列並未收錄。

　　相較於部本部會報「決策與重要報告不多」，由參
謀總長主持，召集參謀本部各單位參加的參謀會報與作
戰會報，就顯得忙碌而緊張了。國防部成立之初，原訂
每星期召開兩次參謀會報，不久改為每星期召開各 1 次
的參謀會報與作戰會報（參謀會報紀錄，1946 年 6 月
25 日）。兩個會報的主持人員、進行方式大抵類同，
主要差別在於作戰會報專注於作戰方面，而參謀會報除
了不涉實際作戰指揮外，基本上含括了人事、情報、後
勤、編制、科學科技研究、政工、監察、民事、軍法、
預算、役政、測繪、史政等項（是的，包含史政在內，
在當時，參謀本部實際負責了國防部絕大部分業務）。

　　軍令急如星火，軍情瞬息萬變，蔣介石及其他國軍
高層面對國防部的各種會報，事實上是較為重視作戰
會報。1947 年 11 月，國防部一度研議，將作戰會報移
至蔣介石官邸舉行（作戰會報紀錄，1947 年 11 月 17

9　「袁同疇上何應欽呈」（1948 年 6 月 18 日），〈國防部及所屬
　　單位職掌編制案〉，《國軍檔案》，檔號：581.1/6015.9。

10　「國防部部本部會報紀錄」（1948 年 7 月 1 日），〈國防部部本
　　部會報案〉，《國軍檔案》，檔號：003.9/6015.5。

日）。而自同年 12 月起，至翌年 3 月初，蔣介石本人
不僅親自赴國防部主持作戰會報，且每週進行 2 次，較
國防部原訂的每週 1 次更為頻繁。饒富意味地，在這段
時間，蔣氏在日記常留下主持國防部「部務」的說法，
例如 1947 年 12 月 13 日記曰：「到國防部部務會議主
持始終，至十三時後方畢；自信持之以恆，必有成效
也」，1948 年 1 月 22 日記曰：「國防部會議自覺過
嚴，責備太厲，以致部員畏懼，此非所宜」等。[11] 筆者
比對日記與會議紀錄時間後，確信蔣氏所謂的「部務會
議」並非指國防部的部務會報，實指作戰會報。

　　1948 年 9 月底，蔣介石復邀請美國軍事顧問團團
長巴大維（David Goodwin Barr）出席國防部作戰會報。
巴大維表示同意，並實際參加了會議。然而，短短一年
不到，1949 年 8 月，美國國務院發表《中美關係白皮書》
（*United States Relations with China: With Special Reference to the Period
1944-1949*），竟以洋洋灑灑以數十頁篇幅，披露巴大維
參加國防部作戰會報的細節。美國之所以如此，出於
當時國共戰爭天秤已傾斜中共一方，國務院亟欲透過
會議紀錄強調：巴大維的戰略戰術建議多未得蔣氏採
納，國軍的不利處境應由中方自負其責。[12]

　　另應一提的是，國防部作戰會報專討論軍令事務，
本係參謀總長的職責，故應由參謀總長主持。這個原則，

---

11 《蔣介石日記》，未刊本，1947 年 12 月 13 日、1948 年 1 月 22 日。
　　另見 1948 年 1 月 24、31 日，1 月反省錄，2 月 2 日等處。

12 United States. Dept. of State ed., *United States Relations with China: With
　　Special Reference to the Period 1944-1949* (St. Clair Shores, Mich.: Scholarly
　　Press, 1971), pp. 274-332.

在 1948 年逐漸鬆動了。是年 3、4 月間，蔣介石曾多次委請白崇禧以國防部長身份主持作戰會報。不久之後，何應欽繼任國防部長職，也有多次主持作戰會報的紀錄。

不過，國防部長開始主持作戰會報的情形，基本上是屬於人治的現象，並非意味參謀總長執掌軍令的制度已遭揚棄。1948 年 12 月 22 日，徐永昌繼任國防部長職。翌年 2 月 9 日，參謀次長林蔚因參謀總長顧祝同赴上海視察，遂請徐永昌主持作戰會報。徐永昌允之，卻感「本不應出席此會」。[13]

四、國防部部務、參謀、作戰會報紀錄的史料價值

以上，說明了國防部部務會報、參謀會報、作戰會報的大致參加人員與實施情形，當中又以作戰會報攸關軍情，備受蔣介石及其他國軍高層重視。如果研究者能夠同時參考官邸會報（因缺少紀錄原件，僅能運用側面資料）、國防部各個會報、國防部其他非例行性會議的紀錄，再加上其他史料，可以很立體地還原國軍諸多重大決策過程。這些決策過程的基本輪廓，即為國防部各個會報根據蔣介石指示、官邸會報結論等既定方針，討論具體實行辦法，或者反過來決議向蔣氏提出修正意見。

例如，1946 年 7 月 5 日，國防部作戰會報討論「主席（國民政府主席蔣介石）手令指示將裝甲旅改為快

---

13 徐永昌撰，中央研究院近代史研究所編，《徐永昌日記》（臺北：中央研究院近代史研究所，1990-1991），第 9 冊，頁 230，1949 年 2 月 9 日條。

速部隊」一案，決議「查各該部隊大部已編成，如再變更，影響甚大。似可維持原計畫辦理，一面在官邸會報面報主席裁決」（作戰會報紀錄，1946 年 7 月 6 日）。再如，濟南戰役期間，1948 年 9 月 15 日，國防部作戰會報根據蔣介石增兵濟南城的指示，[14] 具體研議「空運濟南兵員、械彈及糧服，應按緊急先後次序火速趕運」。22 日（按：隔天濟南城陷），復討論「空投濟南之火焰放射器，應簽請總統核示後再行決定」等問題（作戰會報紀錄，1948 年 9 月 15、22 日）。

又如，1948 年 11 月上旬，國軍黃百韜兵團 6 萬餘官兵，連同原第九綏靖區撤退之軍民 5 萬餘人，於碾莊地區遭到共軍分割包圍，[15] 揭開了徐蚌會戰的慘烈序戰。11 月 10 日上午，蔣介石召開官邸會報，決定會戰大計，裁示徐州地區國軍應本內線作戰方針，黃百韜兵團留碾莊固守待援，邱清泉等兵團向東轉移，先擊破運河西岸共軍陳毅部主力。[16] 同日下午，國防部便續開作戰會報，討論較具體的各種措施，含括參謀次長李及蘭力主繼續抽調華中剿匪總司令部所屬張淦兵團增援徐州（而不是僅僅抽調黃維兵團東援）、國防部長何應欽裁示「徐州糧食應作充分儲備，並即撥現洋，就地徵購，

---

14 《蔣介石日記》，未刊本，1948 年 8 月 26 日、9 月 11 日、9 月 15 日等處。

15 「黃百韜致蔣中正電」（1948 年 11 月 12 日），《蔣中正總統文物》，國史館藏，典藏號：002-090300-00193-114。

16 《蔣介石日記》，未刊本，1948 年 11 月 10 日；杜聿明，〈淮海戰役始末〉，中國人民政治協商會議全國委員會文史資料研究委員會編，《淮海戰役親歷記》（北京：文史資料出版社，1983），頁 12-14。

能購多少算多少」等（作戰會報紀錄，1948 年 11 月
10 日）。[17]

　　其後，國軍各兵團在徐蚌戰場很快陷入絕境。11
月 25 日，國防部作戰會報研討黃維兵團被圍、徐州危
局等問題，決議繼續空投或空運糧彈，[18] 但可能已經爭
論徐州應否放棄。28 日，徐州剿匪副總司令杜聿明自
前線飛返南京，參加官邸會報。官邸會報上，蔣終於拍
板決定撤守徐州，各兵團向南戰略轉進。會報進行過程
中，杜因「疑參謀部（按：指參謀本部）有間諜洩漏
機密」，不肯於會議上陳述腹案，改單獨向蔣報告並
請示。[19] 隨後，杜飛返防地，著手依計畫指揮各兵團轉
進，惟進展仍不順利。12 月 1 日，國防部再開作戰會
報，遂決議「空軍應儘量使用燒夷殺傷彈，對戰場障礙
村落尤須徹底炸毀，並與前方指揮官切實聯繫，集中重
點轟炸」。[20]

　　關於國防部作戰會報呈現的作戰動態過程，本文限
於篇幅不能再多舉例，有興趣的讀者可自行繼續發掘。
「軍以戰為主，戰以勝為先」，這部分的內容如果較吸
引人們重視，是極其自然之事。不過，我們也不應忽

---

17 「薛岳上蔣中正呈」（1948 年 11 月 11 日），《蔣中正總統文物》，
　　國史館藏，典藏號：002-080200-00545-060。

18 另參見「國防部作戰會報裁決事項」（1948 年 11 月 25 日），《蔣
　　中正總統文物》，國史館藏，典藏號：002-080200-00337-065。

19 《蔣介石日記》，未刊本，1948 年 11 月 28 日。

20 United States. Dept. of State ed., *United States Relations with China: With
　　Special Reference to the Period 1944-1949*, pp. 334-335；「國防部作戰會
　　報裁決事項」（1948 年 11 月 25 日、12 月 1 日），《蔣中正總統
　　文物》，國史館藏，典藏號：002-080200-00337-065。

略，國防部本質上也是一個龐大的官僚機構。1948 年 3
月，國防部政工局局長鄧文儀向蔣介石批評：「國防部
之工作，重於軍政部門，（國防部）主管編制、人事、
預算者似乎可以支配一切事務」，「國防部除作戰指揮
命令尚能迅速下達外，其他行政業務猶未盡脫官僚習
氣。辦理一件重要公文，如需會稿，常一月不能發出，
甚至有遲至三月者」。[21] 鄧文儀的說法即令未盡客觀，
卻足以提醒研究者：應多加留意情報、作戰以外的參謀
軍官群體及其業務。

例如，1946 年 6 月 11 日，國防部召開第一次參謀
會報，代理主持會議的國防部次長林蔚（參謀總長陳誠
因公未到）便指示：「下週部務會報討論中心，指定如
次：1. 官兵待遇調整案：由聯合勤務總部準備有關資料
及調整方案，以便部長決定向行政院提出。2. 軍隊復員
情形應提出報告，由第五廳準備……」（參謀會報紀
錄，1946 年 6 月 11 日）。以後，這些議題還要持續佔
用部務會報、參謀會報相當多的篇幅。

又如，1947 年 12 月 22 日，國防部召開部務會報，
席間第二廳（情報廳）副廳長曹士澂提出：「新訂之文
書手冊，規定自明年一月一日起實施，本廳已請副官處
派員擔任講習。關於所需公文箱、卡片等件，聞由聯勤
總部補給。現時期迫切，該項物品尚未辦妥，是否延期
實施？」副官處處長陳春霖隨即回應：「公文用品除各

---

21 「鄧文儀上蔣中正呈」（1948 年 3 月 12 日），《蔣中正總統文物》，
國史館藏，典藏號：002-080102-00043-020。

總部規定自辦者外，國防部所屬各單位由聯勤總部補給。此項預算已批准，即可印製，不必延期」（部務會報紀錄，1947 年 12 月 22 日）。

前面說的「副官處」，為國防部新設單位，職掌是人事資料管理，以及檔案、軍郵、勤務、收發工作等，正在美國軍事顧問協助下，主持推動軍用文書改革與建立國軍檔案制度。他們首先著手調整「等因奉此」之類的文書套語，並將過去層層轉令的文件改由國防部集中複製發佈。當時服役軍中的作家王鼎鈞，日後回憶說：「那時國防部已完成軍中的公文改革，廢除傳統的框架、腔調和套語，採用白話一調一條寫出來，倘有圖表或大量敘述，列為附件。國防部把公文分成幾個等級，某一級公文遍發每某一層級的單位，不再一層一層轉下去。我們可以直接收到國防部或聯勤總部的宣示，鉛印精美，套著紅色大印，上下距離驟然拉近了許多」。[22]

無可諱言地，不論是軍用文書改革、官兵待遇調整，抑或部隊復員等案，最終都因為 1949 年國軍戰情急轉直下，局勢不穩，不能得致較良好的成績。類似的案例還有很多，它們多數未得實現，遂為多數世人所遺忘。但即使如此，這類行動方案涵蓋人事、後勤、編制、科學科技研究、政工、監察、民事、軍法、預算、役政、測繪、史政等。凡國防部職掌業務有關者，俱在其中。它們無疑仍是戰後中國軍事史圖景不可或缺的一角，而國防部的部務會報、參謀會報紀錄恰可作為探討

---

22 王鼎鈞，《關山奪路》（臺北：爾雅出版社，2005），頁 240。

相關議題的重要資料。

五、小結

對無數的研究者來說，中華民國政府為什麼在1949
年「失去大陸」，數百萬國軍為什麼在國共戰爭中遭逢
空前未有的慘烈挫敗，是日以繼夜嘗試解答的問題。這
個問題太過巨大，永遠不會有單一的答案，也不會有單
一的提問方向。但難以否認地，國軍最高統帥蔣介石連
同其麾下參謀軍官群體扮演的角色，勢必會是研究者的
聚焦點。

本系列的史料價值，就在於提供研究者較全面的視
野，檢視蔣介石麾下參謀軍官群體如何以集體的形式發
揮作用（而且不僅僅於此）。本質上，所有軍隊統帥機
構的運作，都是集結眾人智力的結果。即便是蔣氏這
樣事必躬親、宵旰勞瘁處理軍務的所謂「軍事強人」領
袖，他所拍板的決定，除了若干緊急措置外，不知還要
多少參謀軍官手忙腳亂，耗費精力，始能付諸實行。例
如，蔣氏若決心發起某方面的大兵團攻擊，國防部第二
廳就要著手準備敵情判斷，第三廳必須擬出攻擊計畫，
第四廳和聯勤總部則得籌措糧秣補給、彈藥集積。而參
謀軍官群體執行工作所留下的足跡，很大部分便呈現在
各個會報紀錄的字裡行間之內。

誠然，另一批讀者可能還聽過以下的說法：當時國
軍的運作，「個人（蔣介石）集權，機構（軍事委員
會、國防部）無權」。畢竟蔣介石時常僅僅透過侍從
參謀（如軍事委員會委員會長侍從室、國民政府軍務

局等）的輔助，繞過了國防部，逕以口頭、電話、手令向前線指揮官傳遞命令，[23] 事後才通知國防部。更何況，即使是前文反覆提到的官邸會報，由於蔣氏以國家元首之尊親自裁決軍務，仍可能因此閒置了國防部長、參謀總長的角色，同樣是反映了蔣氏「個人集權」的統御風格。

1945 至 1948 年間（恰恰與本系列的時間斷限重疊）擔任外交部長的王世杰，曾經形容說「國防部實際上全由蔣（介石）先生負責」。[24] 不惟如是，筆者在前文也花上了一點篇幅，描繪蔣氏如何親自過問國防部的機構運轉，聲稱自己「部務會議主持始終」。[25] 這裡所謂部務會議，不是指本系列收錄的部務會報，而是指本系列同樣有收錄的作戰會報。部務會報也好，作戰會報也罷，蔣介石是國防部「部務」的真正決策者，似乎是難以質疑的結論。

儘管如此，筆者仍要強調，所謂「機構無權」、「實際上全由蔣（介石）先生負責」云云，指的都是機構首長（國防部長、參謀總長）缺乏決定權，而不是指機構（國防部）運作陷入了空轉。研究者不應忽略了參謀軍官群體的作用。蔣介石主持官邸會報，參加者大多

23 例見《蔣介石日記》，未刊本，1947 年 1 月 28 日。並參見陳存恭訪問紀錄，《徐啟明先生訪問紀錄》（臺北：中央研究院近代史研究所，1983），頁 139-140；陳長捷，〈天津抗拒人民解放戰爭的回憶〉，全國政協文史資料委員會編，《文史資料選輯》，總第 13 輯（北京：中國文史出版社，1961），頁 28。

24 王世杰，《王世杰日記》（臺北：中央研究院近代史研究所，1990），第 6 冊，頁 163，1948 年 1 月 25 日條。

25 《蔣介石日記》，未刊本，1947 年 12 月 13 日。

數是國防部的參謀軍官群體。蔣介石不論作成什麼樣的
判斷，大部分還是根據國防部第二廳、第三廳所提報的
資料，再加上參謀總長、次長的綜合分析與建議。蔣介
石對參謀軍官群體的各種擬案，可以採用、否決或要求
修正，但在多數情形下依舊離不開原來的擬案。[26]

參謀軍官群體研擬的行動方案、對於各種方案的意
見、執行各種方案所得的反饋內容，數量龐大，散佈於
各種檔案文件、日記、回憶錄、訪談錄等史料中，值得
研究者持續尋索。但顯而易見地，本系列提及的各種會
報，是參謀軍官群體研擬方案、研提意見、向層峰反饋
工作成果的重要平台，它們的會議紀錄則是相對集中且
易於使用之史料，值得研究者抱以特別的重視。

當前，國共戰爭的烽煙已經遠離，國軍也不復由蔣
介石這樣的軍事強人統領。然而，國共戰爭的影響並未
完全散去，國防部也依舊持續執行它的使命。各國參謀
軍官群體的重要性，更隨著現代戰爭朝向科技化、總
體戰爭化的發展，顯得與日俱增。值此亞太局勢風雲詭
譎、歐陸烏俄戰火燎原延燒之際，筆者撫今追昔，益感
國事、軍事之複雜。謹盼研究者利用本系列內容，並參
照其他史料，綜合考量其他國內外因素，適切理解相關
機制在軍事史上的脈絡，定能更深入地探析近代中國軍
事、政治史事的發展。

---

26 許承璽，《帷幄長才許朗軒》，頁 107-108。

編輯凡例

一、 本書依照開會日期排序錄入。

二、 為便利閱讀，部分罕用字、簡字、通同字，在不
影響文意下，改以現行字標示，恕不一一標注。

三、 無法辨識或遭蟲蛀部份，以■表示。

四、 本書史料內容，為保留原樣，維持原「奸」、
「匪」、「偽」等用語。

目錄

第一次作戰會報紀錄

時　　間：三十五年六月二十三日十時

地　　點：國防部圖書館

出席人員：總長陳　　劉次長　　郭次長　　范次長

　　　　　林次長　　顧總司令　黃總司令　周總司令

　　　　　張廳長　　方廳長　　龔副廳長　余局長

　　　　　鄧局長　　周副署長　郗參謀長　李處長

　　　　　林副處長　陳科長　　高科長

主　　席：總長陳

紀　　錄：高德昌

討論事項

張廳長報告

一、匪我全般形勢檢討（略）

二、各戰區作戰計劃審核意見（略）

三、本部作戰指導大要（略）

劉次長報告

一、本部今後作戰方針，應關內重於關外，首應打通津
　　浦、膠濟兩鐵路，肅清山東半島，控制沿海口岸，
　　關外則須保持既得區域，節約兵力轉用關內，以
　　便兵力澈底集中，而免孤懸不利之形勢。

二、以往作戰常有不明白全局者，眩於局部利益，以
　　不正確之建議擾亂統帥意志，深為遺憾，須知致
　　勝要訣全在方針貫澈、計劃週到，尤須上下戰術
　　思想一致，始能舉全力投向勝算所在而貫澈之。

三、刻全國主要戰略要點幾全在我手中，國軍主力大
　　部亦就作戰配置，如能貫澈方針機動運用，以殲
　　滅匪軍為主，不分兵守佔不重要城市，則短期內不
　　難將匪主力擊破。聯合勤務部對兵員、彈藥等，應
　　本此方針完成就地補充與追送準備。

四、談判拖延迄今，其實我並未吃虧，蓋我已在談判
　　期間完成諸般準備，今後再拖將陷不利。長江以
　　南僅剩零星散匪，黨政機關應不藉軍事力量予以
　　肅清，開始復員。長江以北必須黨政軍一體，以
　　軍事力量肅清匪患，始能復員。民事、新聞兩局
　　應本此原則組訓民眾，配合軍事要求。

龔副廳長報告

一、攻勢發動後，匪企圖判斷：（1）全面破壞，（2）
　　到處擾亂，（3）裹脅民眾。

二、攻勢發動後，應頒佈緊急法令，賦予軍令機關以
　　充分權力，澈底作到軍事第一。

三、器材補充應有遠大計劃，經濟上宜有妥善辦法，
　　對可能引起之混亂，如裁員安置、職員生活保
　　障、傷殘治療、救濟撫卹等，均應預籌有效防止
　　辦法，以免為匪利用。

四、聯合勤務部之合作社應予推廣，使負在職人員之
　　生活安定責任，俾得安心服務。

鄧局長報告

一、綏靖區黨政統一指揮，東北及山東均已局部實施。

二、後方秩序與宣傳關係人心、士氣、治安甚大，應
　　速部署肅奸工作，絕其內應。

三、收復區需要政工幹部甚多，除在青年軍選定五千
　　人外，擬再在各軍官總隊選訓數千人備用。

總長陳指示

一、匪之拖延政策意在使我政治、經濟自趨崩潰，但
　　我已因之取得國內外普遍同情及解決食糧問題，今
　　後時間既不能再拖，大家應專心致志肅清匪患。

二、剿匪方針，東北應軍事、政治、經濟、外交平衡發
　　展，長江以北應以軍事為主，政治、經濟為輔，長
　　江以南以政治為主，但仍配合軍事要求。

三、對匪應以殲滅其主力為主，務須統一戰術思想，
　　並另擬方案指示各戰區要節約兵力，集結機動使
　　用，不可隨意請求增加兵力。

四、匪利持久戰，我利速決，此與抗戰不同之點，以
　　我之優攻匪之劣，防我之劣以匪之優，為剿匪致
　　勝要訣，今後剿匪務必認清此點方可取得勝利。
　　江西剿匪為時五年，實際作戰不過三月，戰前準
　　備在剿匪作戰上極端必要，希兵員、糧彈補充愈
　　快愈好。

五、陸海空勤（後勤）配合連繫十分必要，本部各廳局
　　尤宜密切連繫，二廳應將宣傳方針適時告知新聞
　　局，俾便遵循。

六、政治、經濟問題相信宋院長定有辦法，生活必需
　　品改發實物，足可維持生活，後勤部對此要認真
　　辦理。

七、政工人員應集中使用，俾能各展所長，凡服務努
　　力人員當負責予以工作，精神散漫不盡職守者即

予免職，幹部可由軍官總隊選訓。

八、分工合作運用組織為辦事要則，切不可各自為政，
影響他人。余過去曾有時忽略此點，致有數次失
敗，今坦白相告，願共勉勵。公事要隨到隨辦，
以免貽誤。

九、剿匪文獻甚多，刻分存於總長辦公室及交有關單位
參考，希辦公室闢一專室，搜存是項材料，並編
印目錄分發各單位，以便借閱參考。

第二次作戰會報紀錄

時　　間：三十五年七月五日十時

地　　點：國防部圖書館

出席人員：總長陳　　　劉次長　　　郭次長　　　林次長

　　　　　顧總司令　黃總司令　　張廳長　　　方廳長

　　　　　龔副廳長　余局長　　　鄧局長

　　　　　李處長（空軍）　　　周參謀長　楊副廳長

　　　　　許處長　　李處長　　　王處長　　　胡處長

　　　　　高科長

主　　席：總長陳

紀　　錄：高德昌

討論及裁決事項

一、每次作戰會報決議下次會報時，由主管單位應報
　　告其實施進度，又上次會報以來所經辦之重要事
　　項，應提出報告。

二、全般作戰準備限七月底以前完成，各單位應各就
　　主管檢討督促，俾能按期完成。

三、凡獲得蘇方情報，不論性質如何，應即送美方參
　　考，以為情報交換之用。對匪軍暴行應擴大宣
　　傳，喚起各方注意。

四、艦艇船舶調配運輸，第三廳、海軍總部、後勤總
　　部應會擬計劃呈核。

五、關於主席手令指示裝甲旅改為快速部隊一案，查
　　各該部隊大部已編成，如再變更，影響甚大，似可

維持原計劃辦理，一面在官邸會報面報主席裁決。

六、對膠濟路作戰之補給問題，後勤總部應密切注意，勿使中斷不繼。

七、組訓難民青年已擬有辦法，對王耀武所擬組織民眾辦法可作參考。

八、樹立副官制度，減輕主官過度疲勞一案，殊有必要，由龔復廳長擬具具體辦法呈核。

九、每週情報、戰報應綜合繪圖列表呈主席參考，二、三廳可會商辦理，海空軍材料亦準此辦理，務要簡單扼要，一目暸然。

十、國防部制度為國家百年大計，今後作戰、情報、人事，無論陸海空軍均應集中於本部一、二、三廳，不可各自為政，失掉國防部成立本意。

十一、聯合勤務總部各補給區副主官以用海空軍人員為主，希聯合勤務總部本此指示，統籌調查辦理。

十二、總長辦公室編制人員應盡量縮小，本部辦公房屋及交通工具查看後應統籌迅為解決，以利公務。

第三次作戰會報紀錄

時　　間：三十五年七月十二日九時
地　　點：國防部圖書館
出席人員：總長陳　　劉次長　　郭次長　　林次長
　　　　　周總司令　黃總司令　周參謀長　張廳長
　　　　　方廳長　　龔副廳長　楊副廳長　余局長
　　　　　許處長　　李處長　　王處長　　胡處長
　　　　　張高參　　高科長
主　　席：總長陳
紀　　錄：高德昌

裁決事項

一、策動收編投誠奸偽案
決議：
由三、五廳及民事、新聞局會研具體辦法呈核。
二、防止械彈散民間遺害地方案
決議：
由第四廳召集有關單位研討有效辦法實施。
三、永年應否繼續補給固守案
決議：
仍繼續補給，予以精神鼓勵。
四、增強大同守備力量案
決議：
先運送各種彈藥及輕小口徑迫擊砲。

五、利用法船載運駐越國軍及物資案

決議：

轉請外交部王部長交涉。

六、外交部轉告，美軍如請求在華捕捉美奸案，不應允

　　准，以免影響國權。

七、廢彈繳庫撥交地方團隊使用案

決議：

應先統計再研究詳細辦法呈核。

八、陸海空軍統籌補給案

決議：

由有關單位會擬辦法實施。

總長指示

一、建軍首須樹立健全之人事制度、參謀補給制度，希

　　望主管單位本此原則妥擬計劃，貫澈實施。

二、長江以南各部隊之軍品倉庫一律由國家接收，希後

　　勤總部先行調查，準備接收。

三、閻長官對官兵薪餉未能按期發放，致部隊戰鬥意志

　　薄弱，匪來我不能抵抗，對閻本人、對山西全省、

　　對國家政局均屬不利，應設法提醒閻之注意。

四、明（十三）日午前九時召見岡村寧次，希第二廳本

　　（十二）日午後六時前呈出有關資料參考。

第四次作戰會報紀錄

時　　間：三十五年七月十九日九時

地　　點：國防部圖書館

出席人員：總長陳　　劉次長　　郭次長　　郭次長

　　　　　林次長　　周總司令　黃總司令　林參謀長

　　　　　周參謀長　張廳長　　方廳長　　余局長

　　　　　龔副廳長　楊副廳長　許處長　　李處長

　　　　　王處長　　胡處長　　張高參　　高科長

主　　席：總長陳

紀　　錄：高德昌　　鄧宗善

裁決事項

一、針對奸匪弱點編組快速部隊案

決議：

不另編組，應先指定 83D、5A、整 28D 準備機動使用，視狀況再由各戰場指定幾軍，本案由二、三、五廳會擬方案呈核。

二、陸空軍配合襲擊破壞匪區兵工廠倉庫案

決議：

地面工作人員應先將其確切位置及有關資料通知空軍，第二廳及空軍總部各指定專人負責研究是項情報，互相通報。

三、設法接收旅大及抗議蘇軍密駐東北地共軍區域遲
　　不撤退案

決議：

呈請主席轉令外交部依據中蘇條約設法接收旅大，對蘇
軍駐地應先調查其確實地點，蒐集有利證據，俾向蘇方
抗議。

四、空運火砲彈藥增援大同案

決議：

除聯勤總部預計空運彈藥廿噸及戰防砲十二門外，應
再增加六公分迫擊砲卅門左右，砲彈最少每門按四百
發配發。

五、徵募兵員充實戰力案

決議：

東北區域以就地徵募為原則，長江以北黃河以南則須隨
時徵補。

六、英國通信器材無線電機可否購用案

決議：

先研究其樣品是否合乎今後國軍採用通信器材之制式，
再為決定。

七、預定使用艦艇於洪澤湖運河協力陸軍作戰案

決議：

由海軍總部將實施狀況隨時呈報。

八、通令各省府加強地方武力組訓民眾設立碉卡協助
　　國軍清剿奸匪案

決議：

由民事局通令，會第三廳。

九、整理情報機構加強訓練情報人員案

決議：

（1）統一接收情報機關，（2）慎選情報幹部，（3）編餘情報人員專設一軍官隊收容。

十、策定作戰計劃，第二廳應行參與俾明狀況案

決議：

可逕與第三廳會商。

總長指示

一、情報最重確實，而對數字尤宜正確，否則貽誤甚大，希有關單位注意糾正。

二、新制度既經建立，軍管區及保安團對等之指揮系統應如何律定，希第三、五廳及保安、民事局負責研究具體方案呈核，對幹部經費尤需注意。

三、各單位編制業經核定，希就編制選用人員並擬具執掌及辦事細則呈核，俾彙呈部長、主席核定實施。

四、海軍總部對美國予我之艦艇等處理不妥情形，應提出詳細資料，俾向美方交涉並報告主席。

五、檢討各地所築工事，留用者應即設法加強，無用者可即破壞，以免資敵。

六、晉南方面預計使用十四個旅兵力，希聯勤總部就此數指派得力人員先期準備糧彈。

七、利用青年軍組訓匪區青年甚為必要，希三、五廳及民事、新聞局會訂方案送閱。

第五次作戰會報紀錄

時　　間：三十五年七月二十六日九時

地　　點：國防部圖書館

出席人員：總長陳　　劉次長　　　郭次長　　　郭次長

　　　　　林次長　　周總司令　　黃總司令　　周參謀長

　　　　　張廳長　　方廳長　　　鄧局長　　　余局長

　　　　　龔副廳長　楊副廳長　　許處長　　　李處長

　　　　　王處長　　胡處長　　　張高參　　　高科長

主　　席：總長陳

紀　　錄：高德昌

裁決事項

一、祕密準備肅清各大都市中反動勢力案

決議：

可先行調查工作。

二、蕭毅肅請准重慶行營成立交通經濟建設計畫督導
　　委員會及請從速核定賀國光名義案

決議：

由第三廳研究辦法呈核。

三、頒發各行營戰鬥序列案

決議：

僅頒發其本身所轄及其鄰接有關部隊序列，不必全部頒
發，以便保密。

四、請速核定委員長行營改為主席行轅案

決議：

在未奉核定前，依名稱照改任務不變原則辦理。

五、重慶警備司令部編制如何確定案

決議：

不得大於上海警備司令部。

六、各種調查室名稱應否統一案

決議：

不必統一，應逐漸使之納入各機關之第二處（情報）中。

七、通令取銷各部隊（機關）辦事處案

決議：

由本部下令所有辦事處均予取消，原有械彈飭就近補給機構收繳。

總長指示

一、現可能抽調轉用之部隊究有若干，希第三廳檢討研究，俾能在主決戰方面造成絕對優勢兵力，迅結戰局，整十一師（前十八軍）應即集結準備轉用。

二、各部隊戰況情報報告多不符合實際，應隨時予以糾正，尤須嚴加詰誡，剿匪應以主力殲滅其主力，不可以驅逐出境即為了事，戰績考核以俘虜■■、裝備多寡定優劣，主要俘虜姓名（營長以上）應即呈報，繳獲武器准其冊報留用，師長以上有權借發縣以上地方團隊使用，惟須呈報備案。

三、第一廳對部隊人事升遷應以第三廳之戰績以考核為標準，三廳並參照空軍考核辦法會擬方案呈核。

四、嚴禁各部隊隨便發言，同時對各通信社無稽謠言
　　應作一清算，準備資料，俾適機予以駁斥。

五、收復區黨政人員應仿江西剿匪辦法，對於地方行
　　政可先由政工人員負責組織，並推行一切業務，
　　方能配合軍事要求，迅速恢復秩序，此事關係重
　　大，希民事、新聞兩局會擬辦法呈報主席核奪。

六、宣傳文字之內容最貴簡單明瞭、通俗扼要，否則
　　不易達成宣傳目的，希新聞局對此要特別注意。

七、以後凡送本人親閱之文件，各級主官必須親自過
　　目，核對無誤始可送呈。

第六次作戰會報紀錄

時　　間：三十五年八月二日九時
地　　點：國防部圖書館
出席人員：總長陳　　劉次長　　郭次長　　郭次長
　　　　　林次長　　周總司令　黃總司令　林參謀長
　　　　　周參謀長　張廳長　　方廳長　　劉局長
　　　　　龔副廳長　楊副廳長　李副局長　許處長
　　　　　李處長　　王處長　　胡處長　　張高參
　　　　　高科長
主　　席：總長陳
紀　　錄：高德昌

裁決事項

一、每次會報應宣讀上次會報紀錄檢討辦理情形案
決議：
先由紀錄宣讀，再由各單位報告辦理情形。
二、蘇北水上巡防總隊正副隊長如何遴選案
決議：
簽擬適當人選呈請委派。
三、各種年度（如會計工作等）應求一致以利業務案
決議：
連同入伍、退伍、轉役、退役等年度一併研究辦法，呈
請統一實行。

四、加強封鎖渤海重要口岸案

決議：

在長山列島尚未佔領以前，對海軍補給問題應另謀補救辦法，對捕獲匪船所載之物品應詳查其種類，隨時通報二、三廳參考，並指示審問俘虜口供注意事項，令飭遵辦呈報。

五、詳查投誠奸匪動機藉以判知奸匪內部情形案

決議：

二、三廳密切注意，以策定對匪作戰對策之參考。

六、陸空連絡組如何分配使用案

決議：

由第三廳、空軍總司令部會商決定。

七、突擊總隊駐地如何決定案

決議：

以駐於飛機場附近為原則，房舍由聯勤總部撥 74D 駐用營房應用，以便訓練。

八、如皋方面部隊進展遲緩應如何糾正案

決議：

除由各長官電話督促外，並電召李默庵來京一行。

九、擴大情報範圍，聘請有關專家成立諮詢委員會案

決議：

可擬具詳細辦法呈核。

十、軍用汽球及電達可否接洽購置案

決議：

可先向英、美雙方分別接洽，然後再辦。

十一、預擬攻佔山東半島重要口岸案

決議：

先策定情報蒐集計劃，著手蒐集該方面有關情報，並準
備攻擊指導腹案，以為準備。

總長指示

一、武官待遇薪俸及情報事業各費應分別計算，以免
貽人口實，尤須認真選派，定期調動，方可達成
派遣目的。今後武官選派，不必以通曉外國語文
為取捨條件，以免武官職業化之弊。第二廳應認
真檢討，重訂辦法呈核。

二、本部編制汽車以軍官自行駕駛為原則，除將官外，
其餘均可不設司機，如此不但節省人力經費，且
可促進各級軍官之駕駛技術，希聯勤總部本此指
示，負責解決此連帶有關問題。

三、汽車部隊不乏優秀士兵，應就中選拔幹部，予以
上進機會。

四、地方政府配合軍事之具體辦法，為修路、築碉、教
育、免稅、嚮導、偵探、交通、通信、運輸，此外
組織鄉村警察及自衛隊協助國軍綏靖地方，希民
事、新聞兩局本此原則策定工作計劃，發動指導
民眾。

五、彈藥補給應根據其消耗數及現有切實核補，並嚴催
各部隊隨時呈報彈藥消耗狀況，否則應不予補給。

第八次作戰會報紀錄

時　　間：三十五年八月十六日九時

地　　點：國防部圖書館

出席人員：劉次長　　　郭次長　　　郭次長　　　林次長

　　　　　周總司令　林參謀長　周參謀長　陳副總司令

　　　　　張廳長　　　方廳長　　　龔副廳長　楊副廳長

　　　　　李副局長　郗署長　　　杜處長　　　許處長

　　　　　李處長　　　王處長　　　陳處長　　　胡處長

　　　　　張高參　　　高科長

主　　席：劉次長

紀　　錄：高德昌

裁決事項

一、確定考核標準以加強各部隊戰力案

決議：

由三、四、五廳會擬實施辦法呈核。

二、鞏固秦皇島海軍基地確保北巡艦隊巡邏便利案

決議：

由海軍總部依照需要提出實施辦法，俾轉令有關部隊
協助。

三、來年大同應否必守案

決議：

由第三廳再檢討。

四、關於犒賞統籌辦理案

決議：

由三、四廳依照各部隊戰績簽核。

五、會戰完了應電催呈報傷亡損失案

決議：

由第三廳辦令電催。

六、快速縱隊組訓如何指導案

決議：

由一、三、四、五廳、聯勤總部各派二員成立臨時指導小組，交三廳簽辦，暫派向軍次為小組長負責辦理。

七、本部月報事涉國防機密可否免報案

決議：

在不洩機密範圍內照例呈報部長轉報。

八、如何糾正文人輕視軍事第一案

決議：

除請林次長出席行政院有關會報說明軍事重要外，其他各員遇機亦可強調此點。

九、東北冬服經費迄未核定應如何補救案

決議：

除繼續催辦外，並報請主席、總長核奪。

主席指示

一、檢討全般戰略，目前我似陷於被動，考其原因，除受停戰談判影響外，而部隊指揮官缺乏主動作戰精神亦為主因，今後希三、四、五廳隨時至注意培養部隊戰力，汰弱留強，應可在短期間恢復主

動。此外對碉堡政策是否適宜現階段之剿匪，亦
須詳加檢討，提供意見參考。

二、可否乘劉伯誠匪部主力南下之際攻略道清路而確
保之，希第三廳詳加研究，提出意見呈核，

三、一年來之剿匪作戰經過概要，應詳加檢討在戰略、
戰術、戰鬥上之得失，提出書面報告，以備主席回
京時之參考。

第九次作戰會報紀錄

時　　間：三十五年八月二十三日
地　　點：國防部圖書館
出席人員：總長陳　　　劉次長　　　郭次長　　　郭次長
　　　　　林次長　　　周總司令　　黃總司令　　黃副總司令
　　　　　陳兼副總司令　　　　　　林參謀長　　周參謀長
　　　　　張廳長　　　方廳長　　　龔副廳長　　楊副廳長
　　　　　鄧局長　　　杜局長　　　劉局長　　　郗署長
　　　　　吳署長　　　杜處長　　　李處長　　　王處長
　　　　　陳處長　　　胡處長　　　張高參　　　高科長
主　　席：總長陳
紀　　錄：高德昌

裁決事項

一、空軍戰報可否發佈案
決議：
仍不發表。
二、李先念匪部目前僅餘零星小股，可否中止使用空
　　軍進剿案
決議：
除發見大股外，餘可中止使用。
三、非軍事機關借用軍車應即收回用於前方案
決議：
由聯勤總部下令收回。

四、裝甲部隊補充待遇如何決定案

決議：

就現有車輛編為三個營，予以合理補充，待遇由聯勤總
部另案簽辦。

五、被俘逃回官兵如何處置案

決議：

士兵應另予訓練，官長可暫不錄用。

六、民事局請發戰鬥序列戰報情報以利業務案

決議：

情報可照發，戰報由二廳調製後再發，餘可與第三廳逕
取連繫。

七、陸海空軍禮節條例應加修正案

決議：

由第五廳召集海空軍派員參加，修正公佈。

總長指示

一、此次出巡經武漢、鄭、徐、濟、青各地，除對作戰
上有所指示外，對招搖瀆職官吏均應分別予以撤
職查辦扣押，凡應獎勵者亦均令報請獎賞，以酬
賢勞。

二、為明瞭實際狀況計，第三廳廳、處、科長應經常
輪流赴各地視察，俾作戰業務推行容易。又匪區
民眾心理為恨匪、懼匪二者交織而成，我宜把握
此點收攬人心，推行宣傳。

三、保安團隊為地方政府武力，碉堡工事為保護交通
及重要城市而設，所需經費應由交通部及地方政

府等有關部門開支，不應列入軍費項下，以前有
此種墊款，應轉行政院撥還。

四、對蘇匪勾結情報研究偵察，應注意其直接援助匪軍
之事實及公開援助之可能時機，以便預擬對策。

五、青島附近陸海空軍均應歸丁治磐負責指揮管理，
尤其對海軍之軍風紀要認真取締，除面告外，辦
公室再補命令。

六、各單位之公積金開支應列表呈報備查。

第十次作戰會報紀錄

時　　間：三十五年八月三十日

地　　點：國防部圖書館

出席人員：總長陳　　劉次長　　郭次長　　郭次長

　　　　　林次長　　劉次長　　黃總司令　黃副總司令

　　　　　陳副總司令　　　　王參謀長　林參謀長

　　　　　周參謀長　張廳長　　方廳長　　龔副廳長

　　　　　楊副廳長　李副局長　杜局長　　劉局長

　　　　　郗署長　　吳署長　　杜處長　　王處長

　　　　　陳處長　　胡處長　　李處長　　許處長

　　　　　張高參　　高科長

主　　席：總長陳

紀　　錄：高德昌

裁決事項

一、東北國軍應積極完成冬季作戰準備案

決議：

交第三廳研究。

二、國軍投誠科長王漱芳所述匪部情形頗多參考價
　　值，擬整理付印案

決議：

除將資料整理外，並由二廳召集新聞、民事兩局及黨務
有關人員開會，著彼講演數次，藉供參考。

三、偵察蘇北各地汎濫情形防止奸匪竄擾洪澤湖案

決議：

由空軍總部派機偵察。

四、嚴防匪軍利用堤防作戰案

決議：

由第三廳通令注意。

五、探詢美方與共黨聯絡情形及其觀感案

決議：

第二廳遵辦。

六、研究匪我優劣，蒐集作戰經驗教訓，編發教令案

決議：

由第五廳主辦，二、三、四廳及部屬各派員參加分組實
地調查後即辦。

七、海州駐軍整 57D 紀律廢弛應加糾正案

決議：

除下令糾正外，並由監察局會同第三廳派員前往視察。

八、九十九旅撤銷番號，戰車部隊改編為三個營案

決議：

均由第五廳主辦。

九、調整水上部隊編入海軍系統以利作戰案

決議：

照辦。

十、工十九團改開徐州案

決議：

由第三廳電請主席核示。

總長指示

一、徐州綏署目前最感困難者為交通通信器材不足，
　　希聯勤總部設法迅予解決。

二、對泰興守軍 83D 所部忠勇戰績，應查明從優獎敘，
　　以資激勵。

三、為適合部隊作戰要求，特種部隊除必要者外，均
　　應編入部隊建制，以利指揮。

四、海軍所用語言現多夾雜英語、閩語，殊不適當，
　　今後應一律改用國語，又陸軍轉入海軍受訓學生
　　應擇優保送，以便深造。

五、嚴禁有部屬關係者餽贈禮物，以杜流弊而挽頹風
　　案，由第二廳下令各武官誥戒，並由總長辦公室
　　通令遵照。

第二十一次作戰會報紀錄

時　　間：三十五年十一月十五日上午九時
地　　點：國防部圖書館
出席人員：總長陳　　　郭次長　　　方次長　　　劉次長
　　　　　林參謀長　周參謀長　趙參謀長　郗署長
　　　　　侯代廳長　張廳長　　楊副廳長　劉副廳長
　　　　　鄧局長　　鄭副局長　杜局長（張桓代）
　　　　　劉局長（廖清寰代）　吳署長　　李處長
　　　　　王處長　　陳處長　　張高參　　高科長
主　　席：總長陳
紀　　錄：高德昌

裁決事項

一、國大開會期間，作戰會報應改在晚間舉行案
決議：
由總長辦公室規定時間通知。
二、第十一戰區長官部應即移駐保定案
決議：
由第三廳下一書面命令。
三、前後方部隊調防案
決議：
除已口頭報告主席外，第三廳可即下令實施。

總長指示

一、奸匪既不接受停戰命令，今後對匪仍須武力解決，為爭取主動計，我應採取戰略攻勢、戰術守勢、分區掃蕩原則，先肅清蘇北魯南地區，再準備解決劉伯誠匪部主力，進一步再準備對劉伯誠、聶榮臻兩股匪軍聯合之作戰，第三廳可本此指示檢討修正現行作戰計劃，準備實施。

二、各省普遍請求增加兵力及充實地方團隊，事實上二者均難滿足其要求，蓋國軍兵力運用上須有重點，不能分散配置，而地方團隊根據以往經驗從未能達成保衛地方配合國軍之任務，且形成推行徵兵之障礙，俟後遇有請求充實地方團隊之人員，可剴切向其說明中央不准之理由。

三、寧夏徵兵以就地補充為原則，河南徵兵因配額較多，致有煩言，希兵役局對此要特別研究注意，凡事要情理法面面顧到，不可拘泥法規而抹殺一切事實也。

第二十二次作戰會報紀錄

時　　間：三十五年十一月二十二日午後九時
地　　點：兵棋室
出席人員：劉次長　　郭次長　　　方次長　　　劉次長
　　　　　林參謀長　周參謀長（周季本代）
　　　　　徐署長　　黃總司令　黃副總司令
　　　　　陳副總司令　　　　趙參謀長　吳署長
　　　　　向副署長　楊副廳長　郭廳長　　鄧局長
　　　　　劉局長　　杜局長　　徐局長　　鈕處長
　　　　　杜處長（王仲輔代）　許處長　　李處長
　　　　　陳處長　　張高參　　張科長　　高科長
　　　　　謝科長　　仲科長
主　　席：劉次長
紀　　錄：高德昌

裁決事項

一、美械改換國械裝備案
決議：
第三、四、五廳會擬辦法實施。
二、隴海路作戰部隊武器屢補屢失，應加糾正案
決議：
第四廳查明糾正。
三、東北拆路修路問題應如何決定案
決議：
俟總長核定後再辦，似應先拆赤峰—葉柏壽段為宜。

四、發動宣傳攻勢瓦解匪軍案

決議：

新聞局準備報紙及宣傳資料交空軍總部班機派發，並會
商第二廳、宣傳處擬定計劃實施。

五、郝鵬舉部近與奸匪衝突劇烈，應即策反案

決議：

第二廳迅速著手，勿失良機。

主席指示

一、前後方部隊調動案，因種種條件，恐不能如期完
　　成，希第三廳詳加檢討，以便督促實施。

二、作戰計劃務於明（廿三）日午前修正完成，以便開
　　會商討。

三、迭據報告，各地駐軍時有苛擾地方紀錄廢弛情事，
　　以致民不堪命，希有關單位隨時注意糾正。

第二十三次作戰會報紀錄

時　　間：三十五年十一月二十九日午後四時

地　　點：兵棋室

出席人員：劉次長　　　郭次長　　　方次長

　　　　　林次長（張高參代）　黃總司令　黃副總司令

　　　　　林參謀長　周參謀長　趙參謀長　徐署長

　　　　　侯代廳長　張廳長　　楊副廳長　郭廳長

　　　　　鄧局長　　劉局長　　杜局長（張桓代）

　　　　　徐局長　　錢主任（張一為代）　楊高參

　　　　　向副署長　鈕處長　　杜處長　　許處長

　　　　　李處長　　張高參　　高科長　　謝科長

主　　席：劉次長

紀　　錄：高德昌

裁決事項

一、由天津運往煙台煤船是否為聯總救濟物品，應加
　　查明案

決議：

第四廳查辦。

二、崇明附近截獲匪船人犯文件應加審訊案

決議：

第二廳研辦。

三、檢討空軍作戰經過損耗甚大，應節約使用案

決議：

第三廳隨時促起前方部隊注意，並將空軍戰果與陸軍作

戰經過配合檢討。

四、裝甲兵教導總隊控制汽車甚多，應加活用案

決議：

由黃總司令主持，召集有關單位研究解決。

五、杜、傅長官請求整編補充案

決議：

第五廳與有關單位會商，決定原則後，分交各主管單位
簽辦。

六、審查東北人馬確數以便補充案

決議：

由黃總司令召集有關單位辦理。

七、冀魯豫邊區部隊紀律廢弛應加糾正案

決議：

除令有關機關注意考查外，新聞局可從政工立場提一整
飭方案。

八、人民服務隊可否由軍官總隊改充，政工幹部可否
　　由青年師調訓，併請核示案

決議：

新聞局另案簽辦。

九、徐州食糧應速撥運案

決議：

聯勤總部催辦。

十、作戰會議改為星期五下午三時舉行案

決議：

照改，不另通知。

主席指示

一、第二十五師失利案，奉主席諭，應按連坐法辦理，
　　希第三廳查辦呈復。

二、黃河堵口情形如何，第三廳再查。

三、第二廳情報搜集，應以匪後為中心，關於第一線
　　之情報，第三廳戰報中已略述及，不必再加重複，
　　希注意研究改進。此外，對延安匪軍動態應注意
　　蒐集研判。

四、東北蘇工人撤退問題真相如何，第二廳應加調查，
　　並會新聞局擬訂對蘇僑應取之辦法，送東北軍政
　　當局參考。

五、關於匪軍投誠及策反結果，應於每次作戰會報時
　　提出報告。

六、第三廳今（二十九）晚可電令鄭州綏署，以現展開
　　兵力一舉攻佔濮陽，進出濮縣、內黃之線，準備
　　進攻大名。

七、薛主任請求 69D 俟接防部隊到達後再開拔，可照
　　准，第三廳辦理對 64D、69D 調防案時，希注意
　　及之。

第二十四作戰會報紀錄

時　　間：三十五年十二月六日下午三時

地　　點：兵棋室

出席人員：劉次長　　郭次長　　　方次長　　　劉次長士毅

　　　　　黃總司令　黃副總司令　　　　　林參謀長

　　　　　周參謀長　周總司令（徐煥昇代）

　　　　　趙參謀長　侯代廳長　　張廳長　　楊副廳長

　　　　　郭廳長　　鄧局長（李樹衢代）　劉局長

　　　　　杜局長（張桓代）　　徐局長（鄭冰如代）

　　　　　楊高參　　吳署長　　向副署長　鈕處長

　　　　　杜處長　　許處長　　李處長　　梁處長

　　　　　陳處長　　張高參　　廖副處長　高科長

主　　席：劉次長

紀　　錄：翁　毅

裁決事項

一、關於蒙旗抗日運動團體代表及外國武官請求參觀
　　陸空聯合演習事可照准，但須注意接待周到，尤
　　其注意民眾圍觀之秩序。

主席指示事項

一、奉主席諭，即飭鄭州綏署迅速佔領清豐、內黃，
　　第三廳應速電話督促早日完成。

二、69D 與 64D 對調防務案，三廳應注意其交接時
　　機，須不致影響作戰。

三、范副總司令頃帶回俘獲匪方文件甚多，均係實際
　　資料，甚有價值，二廳侯代廳長可親向之索取，將
　　匪軍現有兵力、軍區劃分、政治動態、士氣實況
　　等與過去所蒐集者對照研究，整理呈閱，並分發
　　有關單位參考。

四、道清路方面匪軍應速將之壓迫入山地，以利我軍
　　爾後行動，三廳擬辦。

五、三廳應速製「匪我兵力比較表」，分呈主席及總
　　長，以為全般作戰指導之資。

六、三廳應簽請主席速飭豫主席劉茂恩返省主持黃汎
　　區清剿事宜。

第二十五次作戰會報紀錄

時　　間：三十五年十二月十三日午後三時

地　　點：兵棋室

出席人員：劉次長　　　郭次長　　　方次長　　　劉次長

　　　　　黃總司令　林參謀長　周參謀長　徐署長

　　　　　陳副總司令　　　　　趙參謀長　郝署長

　　　　　吳署長　　侯代廳長　張廳長　　楊副廳長

　　　　　郭廳長　　錢主任　　鄧局長　　劉局長

　　　　　徐局長（戴代）　　杜局長（張代）

　　　　　杜處長　　鈕處長　　許處長　　李處長

　　　　　陳處長　　梁處長　　張高參　　高科長

　　　　　仲科長

主　　席：劉次長

紀　　錄：翁　毅

裁決事項

一、魯西方面兵力薄弱，如鄭州綏署在清豐附近部隊
　　不再積極進攻，則有遭受奸匪竄擾顧慮，應請糾
　　正案

決議：

第三廳注視鄭綏行動，報請總長予以修正，似仍以積極
行動較宜。

二、西沙群島除武德島外之二島仍須佔領案

決議：

海軍總部會第三廳另案簽辦。

三、換械順序可否酌予變更案

決議：

黃總司令面請總長核奪。

四、軍糧徵購配額懸殊應再追加預算案

決議：

第四廳會聯勤總部簽報部長、主席核奪。

五、宣傳經費月支兩億，擬請預發案

決議：

黃總司令查辦。

作戰會報紀錄分送表

1 總長陳	13第五廳郭廳長
2 劉次長	14新聞局鄧局長
3 郭次長	15民事局劉局長
4 方次長	16軍務局毛副局長
5 國防林次長	17兵役局徐局長
6 陸軍總部顧總司令	18保安局杜局長
7 海軍總部桂代總司令	19第三廳一處許處長
8 空軍總部周總司令	20第三廳二處李處長
9 聯勤總部黃總司令	21總長辦公室張高參
10第二廳鄭廳長	22第三廳三科高科長
11第三廳張廳長	23附卷存查
12第四廳楊副廳長	

第二十六次作戰會報紀錄

時　　間：三十五年十二月二十七日午後三時

地　　點：兵棋室

出席人員：總長陳　　　劉次長　　　郭次長　　　方次長

　　　　　劉次長　　　黃總司令　　林參謀長　　周參謀長

　　　　　徐署長　　　黃副總司令　　　　　　　趙參謀長

　　　　　侯代廳長　　張廳長　　　楊代廳長　　郭廳長

　　　　　鄧局長（李代）　　　　　王局長　　　杜局長

　　　　　徐局長（鄭代）　　　　　楊高參　　　吳署長

　　　　　向副署長　　杜處長　　　鈕處長　　　李處長

　　　　　陳處長　　　梁處長　　　林副處長　　張高參

　　　　　高科長　　　仲科長　　　葉科長

主　　席：總長陳

紀　　錄：高德昌

裁決事項

一、要塞整建原則應如何決定案

決議：

暫維持現狀，俟剿匪告一段落後再事研究，計劃興築。

至要塞司令，可酌改為要地守備司令。

二、徐州綏署應不待後續部隊到達即須進剿案

決議：

第三廳再電催。

三、黃河堵口進行遲緩應加電催案

決議：

第三廳會第四廳催辦。

總長指示

一、在國大開會期間，接到各方信件頗多，祕書室應加
統計，其內容不外請求增兵華北，迅速蕩平奸匪，
撥發武器彈藥，充實地方團隊，及軍民房屋糾紛問
題。關於剿匪，本部已有整個計劃執行。撥發械
彈、充實團隊必須透過主管機關或省政府方可核
發，以免養成以私代公風氣。至於房屋糾紛，應先
查明癥結憑辦。本部新建房舍應即分配遷入，陰曆
年節職眷確屬困難者，可酌予補助。

二、大剛報及其他報紙時有歪曲事實、搖動軍心之報
導，新聞局應予糾正，並簽報主席及通知中宣部，
至對於兵役責難各點，兵役局應注意檢討。

三、承辦公文稿件須簡明扼要，字跡清楚，尤須層層負
責，以期迅速，不必要之公文勿庸一一呈本人親自
批閱，而公文中之統計數字尤應注意正確。

四、今後建軍重點在樹立良好制度，建築除營房倉庫
外，餘可暫緩實施。

五、不必要之單位仍嫌過多，第五廳應再檢討計劃，
予以裁撤。

作戰會報紀錄分送表

1 總長陳		1 3 第五廳郭廳長
2 劉次長		1 4 新聞局鄧局長
3 郭次長		1 5 民事局王代局長
4 方次長		1 6 軍務局毛副局長
5 國防林次長		1 7 兵役局徐局長
6 陸軍總部顧總司令		1 8 保安局杜局長
7 海軍總部桂代總司令		1 9 第三廳一處許處長
8 空軍總部周總司令		2 0 第三廳二處李處長
9 聯勤總部黃總司令		2 1 總長辦公室張高參
1 0 第二廳鄭廳長		2 2 第三廳三科高科長
1 1 第三廳張廳長		2 3 附卷存查
1 2 第四廳楊副廳長		

第二十七次作戰會報紀錄

時　　間：三十六年元月三日上午九時

地　　點：兵棋室

出席人員：總長陳　　　劉次長　　　郭次長　　　方次長

　　　　　林次長　　　林參謀長　　桂代總司令

　　　　　周總司令　　黃總司令　　黃副總司令

　　　　　趙參謀長　　侯代廳長　　張廳長　　　楊代廳長

　　　　　郭廳長　　　鄧局長　　　王代局長　　桂局長

　　　　　徐局長（魏代）　　　　　郗署長　　　吳署長

　　　　　錢主任　　　楊高參　　　錢處長　　　李處長

　　　　　陳處長　　　王處長　　　梁處長　　　高科長

　　　　　張軍長雪中

主　　席：總長陳

紀　　錄：高德昌

報告事項
張軍長雪中報告剿匪經驗大意

一、匪軍戰法

　　1. 以多勝少——集中優勢兵力攻擊一點。

　　2. 以少勝多——情報確實，利用夜暗。

　　3. 重視武器及正規軍——武器重於兵員，正規軍
　　　 重於民兵。

　　4. 行動飄忽，常能隨我進退。

　　5. 利用民兵基幹隊組織兵員，補充容易。

二、匪軍政工

1. 統制匪區物資，計口授糧，民眾不得不隨之行動。
2. 實行特工監督辦法，民眾無法脫離其組織。
3. 宣傳我之政治弱點（如收復區之勒索敲詐），使民眾背我向匪。
4. 利用我整編關係，擴大外圍勢力。
5. 擴大派系矛盾，宣傳分化我軍。

三、我軍缺點

1. 戰鬥動作及戰術運用不能達成戰略計劃要求。
2. 革命情緒低弱。
3. 戰鬥意志消沉。
4. 團結協同精神不足。
5. 黨政措施不能直接影響民眾。
6. 政工權能不足，無法影響軍隊。

四、今後對策

1. 陸空緊密協同。
2. 充實彈藥，發揚火力。
3. 運用補充。
4. 提高戰意。

總長指示

一、張軍長報告剿匪實戰經驗，頗多參考價值，各單位應分別約定時間，招集有關人員與張軍長詳細研究，指定第三、五兩廳、陸、空兩總部及兵役局會同研究作戰整補部份，至後勤部份，希第四廳、聯勤總部會同研究，提高士氣及戰地政務兩項，由新

聞、民事兩局會同研究，分別負責。

二、黨政措施不能配合軍事要求，為我現階段之最大
弱點，形成助匪者不能制裁，助我者成為累贅之
現象，希有關各單位研擬改革意見，提供參考。

三、整軍行憲為本年度之兩大課題，若不能迅速肅清
奸匪，則一切落空，如何提高士氣，增強戰力，希
主管單位擬具短期調訓計劃，在不妨害作戰下分區
分期調訓幹部，以達成剿匪作戰之目的。而新聞局
本年度之中心工作，應集中全力，以提高國軍士氣
為主要工作。

四、兵員補充與官兵生活良好為充實戰力之基本要素，
在全國經濟動盪之下，軍隊待遇實難望其提高，但
實物補給制度業蒙主席批准，如能健全實施，亦可
解決大半，希主管單位要注視現實，共同努力。

作戰會報紀錄分送表

1 總長陳
2 劉次長
3 郭次長
4 方次長
5 國防林次長
6 陸軍總部顧總司令
7 海軍總部桂代總司令
8 空軍總部周總司令
9 聯勤總部黃總司令
10 第二廳鄭廳長
11 第三廳張廳長
12 第四廳楊副廳長
13 第五廳郭廳長
14 新聞局鄧局長
15 民事局劉局長
16 軍務局毛副局長
17 兵役局徐局長
18 保安局杜局長
19 第三廳一處許處長
20 第三廳二處李處長
21 總長辦公室張高參
22 第三廳三科高科長
23 附卷存查

第二十八次作戰會報紀錄

時　　間：三十六年元月十日下午三時

地　　點：兵棋室

出席人員：總長陳　　　劉次長　　　郭次長　　　方次長

　　　　　劉次長　　　黃總司令　　黃副總司令

　　　　　陳副總司令　　　　　　林參謀長　　周參謀長

　　　　　徐署長　　　趙參謀長　　張副廳長　　張廳長

　　　　　楊代廳長　　郭廳長　　　鄭局長　　　王代局長

　　　　　杜局長　　　徐局長（魏代）　　　　　郗署長

　　　　　吳署長　　　楊高參　　　車副主任　　鈕處長

　　　　　杜處長　　　李處長　　　陳處長　　　王處長

　　　　　梁處長　　　張高參　　　仲科長　　　高科長

　　　　　林副處長

主　　席：總長陳

紀　　錄：高德昌

裁決事項

一、接收西南沙群島，對外應否正式宣佈案

決議：

由海軍總部以國防部名義通知外交部核辦。

二、人民服務總隊請求充實經費械彈器材以便展開工
　　作案

決議：

民事局另案簽辦。

三、西康夷匪應以政治方式解決案

決議：

保安局研擬具體方案呈核。

總長指示

一、秦皇島、葫蘆島兩港口堆積之物資甚多，應即清理
　　分運瀋、錦、平、津各地存儲，俟清運告竣後，港
　　口司令部即予撤銷。兩港現階段之警備力量仍須加
　　強，希望第三廳酌予調整。此外，上海堆積之物
　　資亦須即刻清運京、清存儲，以免損失。

二、N22D 及 N38D 之武器多已陳舊，應將整 11D 換
　　下之武器擇優予以掉換。

三、防寒服裝質料、式樣、顏色、尺寸均須合乎實用，
　　武器、車輛之保養費用不可或缺，軍糧採購配搭
　　均須妥為研究，運輸補給更應因時因地制宜，關
　　於防寒設備希指定專人專款負責研究改進，以期
　　有成。

四、各地生產工廠以授權就近補給區司令負責監督為
　　宜，用人行政更宜選賢與能，庶能進步。

五、我軍最大弱點為缺乏機動與協同，尤以高級指揮
　　官距離前方過遠，往往不明下情，對於非直轄部隊
　　多存客氣心理，以致行動散漫，指揮不能統一，而
　　裝備劣勢之部隊對匪尤多畏懼，黨組織欠健全，不
　　能配合軍事要求，凡此種種必須迅速改進，方能克
　　服困難，蕩平奸匪。

六、今後對匪作戰必須統一指揮，分區解決，高級指

揮官更須親臨前線感召部下，調整人事，擢用青
年將校，淘汰愛錢惜命之腐化軍官，使國軍幹部
新陳代謝發生活力，國械與美械部隊配合使用，
以窮迫截擊戰法制匪流竄，每區均應配屬機動輕
裝部隊仿照傅宜生辦法機動使用，並確定軍為戰
略單位，充實其戰鬥力量。此外，補給人員須到
前方視察，瞭解部隊疾苦，後方留守物資應一律
繳庫，希一、三、四、五各廳及聯勤總部、監察
局各就主管迅擬有效計劃，付諸實施。

七、抗戰救國、剿匪救民、找匪打、與匪拚，為剿匪
作戰中之基本口號，新聞局應把握此點廣為宣傳，
振刷士氣，鼓舞民心，對反對徵糧、徵兵之仕紳更
應促其注意，假定奸匪成功，彼等難免不為鬥爭清
算之對象。和平日報應多登戰績，少登和談，以免
前方部隊為和談所誤。至奸匪徵兵方法為殺 20%
爭取 80%，毒辣達於極點，新聞局對此種情事可寫
一戰地通訊或社論，以為反對徵兵者警惕。

八、去年七月至十二月底，半年來奸匪投誠、反正數目
及傷亡、俘獲與收復區域等戰果，希第二、三廳
列表，並繪簡圖呈閱。

九、空軍總部即查報西安空軍眷糧未發原因。

作戰會報紀錄分送表

1 總長陳
2 劉次長
3 郭次長
4 方次長
5 國防林次長
6 陸軍總部顧總司令
7 海軍總部桂代總司令
8 空軍總部周總司令
9 聯勤總部黃總司令
10 第二廳鄭廳長
11 第三廳張廳長
12 第四廳楊副廳長
13 第五廳郭廳長
14 新聞局鄧局長
15 民事局劉局長
16 軍務局毛副局長
17 兵役局徐局長
18 保安局杜局長
19 第三廳一處許處長
20 第三廳二處李處長
21 總長辦公室張高參
22 第三廳三科高科長
23 附卷存查

第二十九作戰會報紀錄

時　　間：三十六年元月十八日下午三時

地　　點：兵棋室

出席人員：劉次長　　　郭次長　　　方次長　　　林次長

　　　　　錢主任　　　黃總司令　　陳副總司令

　　　　　林參謀長　　周參謀長　　王副總司令

　　　　　趙參謀長　　侯代廳長　　張廳長　　　楊代廳長

　　　　　郭廳長　　　鄧局長　　　王局長　　　杜局長

　　　　　徐局長（魏代）　　　　　郗署長　　　吳署長

　　　　　楊高參　　　杜處長　　　鈕處長　　　李處長

　　　　　陳處長　　　王處長　　　張高參　　　仲科長

　　　　　翁科長

主　　席：次長劉

紀　　錄：翁　毅

裁決事項

加強宣傳案

決議：

對宣傳品之運送，空軍總部應予協助，對各部隊成立新聞處及印刷廠改隸與演劇隊、電影放映隊等，新聞局研擬具體方案呈核。

次長指示

一、作戰檢討對於兵員、武器損失應有統計，三、四廳會同有關單位蒐集材料，於下週列表提出報告。

二、作戰損失部隊之編整補充，五廳會四廳速辦。

三、後勤業務須與作戰計劃配合，四廳負責計劃指導，聯勤總部實施。

四、主席手令交辦事項，各單位依業務主管，不誤期自動辦好呈出。

五、五二師缺額（九千餘人）甚多，槍械口徑不一，應速行整補，以備爾後使用，四廳會聯勤總部、兵役局辦理。

六、聞主席已允准新疆蘇方自行用車輛運輸存在玉門物資（不經我方檢查），二廳應擬辦法間接防範。

七、徐州方面為目前主戰場，兵力將續有增加，聯勤總部應注意加強補給。

八、目前徐州戰局雖稍不利，外面謠言甚多，但無損大局，國軍終可獲到勝利。

作戰會報紀錄分送表

1 總長陳	13 第五廳郭廳長
2 劉次長	14 軍務局毛副局長
3 郭次長	15 新聞局鄧局長
4 方次長	16 民事局王代局長
5 國防林次長	17 兵役局徐局長
6 陸軍總部顧總司令	18 保安局杜局長
7 海軍總部桂代總司令	19 第三廳一處許處長
8 空軍總部周總司令	20 第三廳二處李處長
9 聯勤總部黃總司令	21 總長辦公室車副主任
10 第二廳鄭廳長	22 總長辦公室張高參
11 第三廳張廳長	23 第三廳三科高科長
12 第四廳楊代廳長	24 附卷存查

第三十次作戰會報紀錄

時　　間：三十六年元月二十四日下午三時

地　　點：兵棋室

出席人員：劉次長　　郭次長　　方次長　　林次長

　　　　　錢主任　　黃總司令　陳副總司令

　　　　　黃副總司令　　　　林參謀長　周參謀長

　　　　　周總司令（徐代）　趙參謀長　侯代廳長

　　　　　張廳長　　楊代廳長　郭廳長　　鄧局長

　　　　　王局長　　杜局長　　徐局長（魏代）

　　　　　郗署長　　杜處長　　鈕處長　　李處長

　　　　　陳處長　　王處長　　梁處長　　林副處長

　　　　　張高參　　仲科長　　翁科長

主　　席：次長劉

紀　　錄：翁　毅

裁決事項

一、青島、秦皇島兩港口開放准許商船進入案

決議：

海軍總部特將兩地內外港情形及內港不能開放理由呈請主席

核示。

二、新疆軍糧屯儲運輸案

決議：

四廳會聯勤總部、運輸署迅速辦理。

三、反駁匪軍誇大勝利宣傳，提高我軍民士氣案

決議：

宣傳處會新聞局研擬，與宣傳部會商，不用國防部發言人名義，以其他方式發表我軍勝利消息，以正社會視聽。

次長指示

一、關於軍事上各種數字為軍隊良窳之表現，蓋數字不確，百弊由生，吾人應逐漸做到數字只有兩個，即一個為實有數字，一個為預算數字，先由本部做起，漸次要求各級做到，能如此方可談到建軍及國防，至現在各種數字仍照前規定，由各主管單位隨時注意對正。

二、現代統帥應知利用幕僚機構，全憑個人直覺無法運用今日組織複雜之大軍，吾人應自決並促各級指揮官覺悟。

作戰會報紀錄分送表

1 總長陳	1 3 第五廳郭廳長
2 劉次長	1 4 軍務局毛副局長
3 郭次長	1 5 新聞局鄧局長
4 方次長	1 6 民事局王代局長
5 國防林次長	1 7 兵役局徐局長
6 陸軍總部顧總司令	1 8 保安局杜局長
7 海軍總部桂代總司令	1 9 第三廳一處許處長
8 空軍總部周總司令	2 0 第三廳二處李處長
9 聯勤總部黃總司令	2 1 總長辦公室車副主任
1 0 第二廳鄭廳長	2 2 總長辦公室張高參
1 1 第三廳張廳長	2 3 第三廳三科高科長
1 2 第四廳楊代廳長	2 4 附卷存查

第三十一次作戰會報紀錄

時　　間：三十六年元月三十一日下午三時

地　　點：兵棋室

出席人員：劉次長　　郭次長　　　方次長　　　林次長

　　　　　黃總司令　黃副總司令　　　　　湯副總司令

　　　　　林參謀長　周參謀長　周總司令（徐代）

　　　　　趙參謀長　鄭廳長　　侯代廳長　張廳長（王代）

　　　　　楊代廳長　郭廳長　　鄧局長　　王局長

　　　　　杜局長　　徐局長（魏代）　　　郗署長

　　　　　杜處長　　李處長　　陳處長　　王處長

　　　　　梁處長　　吳處長　　林副處長　張高參

　　　　　仲科長　　翁科長

主　　席：次長劉

紀　　錄：翁　毅

裁決事項

一、上海虬江碼頭行政院不准本部船隻利用案

決議：

聯勤總部運輸署將影響軍運情形簽請主席核示。

二、加強宣傳案

決議：

關於宣傳方針、策略方式等，仍由宣傳部負責決定，本部以不溢出軍事範圍為度，但本部宣傳處可儘量供給材料。

指示事項

一、投誠共匪應詳細研究分析其本質與原因，以為策反宣傳之資料，二廳辦理。

二、渤海灣廟島佔領，應注意部隊準備時機、宣傳、外交各關係，海軍總部可與三廳研擬計劃呈核。

三、據交通部電話，商邱附近三角莊鐵橋及野雞崗鐵道被匪破壞，四廳注意查證。

四、嘉山西南據報常有土匪出沒，二廳會衛戌總部派人詳密調查處理。

五、二戰區及十一戰區（石家莊）所須彈藥應予以適量補充，四廳會空軍總部辦理。

六、會戰勝利後必須追擊方可獲得重大戰果，聯勤總部應注意魯南方面糧彈之追送，以期毫無遺憾。

作戰會報紀錄分送表

1 總長陳
2 劉次長
3 郭次長
4 方次長
5 國防林次長
6 陸軍總部顧總司令
7 海軍總部桂代總司令
8 空軍總部周總司令
9 聯勤總部黃總司令
10 第二廳鄭廳長
11 第三廳張廳長
12 第四廳楊代廳長
13 第五廳郭廳長
14 軍務局毛副局長
15 新聞局鄧局長
16 民事局王代局長
17 兵役局徐局長
18 保安局杜局長
19 第三廳一處許處長
20 第三廳二處李處長
21 總長辦公室車副主任
22 總長辦公室張高參
23 第三廳三科高科長
24 附卷存查

第三十二作戰會報紀錄

時　　間：三十六年二月七日下午三時

地　　點：兵棋室

出席人員：劉次長　　郭次長　　方次長　　林次長

　　　　　錢主任　　黃總司令　黃副總司令

　　　　　林參謀長　周參謀長　周總司令（徐代）

　　　　　趙參謀長　侯代廳長　張廳長（王代）

　　　　　楊代廳長　郭廳長　　鄧局長（李代）

　　　　　王局長（孫代）　　　杜局長　　徐局長（魏代）

　　　　　趙局長　　郗署長　　吳署長　　楊高參

　　　　　杜處長　　鈕處長　　李處長　　陳處長

　　　　　王處長　　梁處長　　林副處長　張高參

　　　　　仲科長　　翁科長

主　　席：次長劉

紀　　錄：翁　毅

裁決事項

一、華北未整編各軍械彈補充標準案

　　　各軍希望依九個軍團標準補充，聯勤總部現按六

　　　個團標準補充。

決議：

四廳與聯勤總部依前方實際需要與後方生產狀況研究

辦理。

二、東北保安司令部所收編之自新軍，除已奉准成立
　　五十個保安團，計容納約十萬人外，尚餘二萬餘人
　　如何安置案
決議：
兵役局會四廳下令，飭撥補國軍部隊。

指示事項
一、目前綏靖作戰消耗彈藥與後方生產補充量，聯勤
　　總部須加研究，或另定彈藥配賦標準。
二、太原方面所須彈藥、汽油等，空軍總部應盡可能
　　予以必要量之運輸。

第三十三次作戰會報紀錄

時　　間：三十六年二月十四日下午三時

地　　點：兵棋室

出席人員：劉次長　　郭次長　　方次長　　林次長

　　　　　錢主任　　黃總司令　黃副總司令

　　　　　林參謀長　周參謀長　周總司令（毛代）

　　　　　趙參謀長　侯代廳長　張廳長（王代）

　　　　　楊代廳長　郭廳長　　鄧局長（李代）

　　　　　王局長（孫代）　　　杜局長（邢代）

　　　　　徐局長（魏代）　　　郗署長　　吳署長

　　　　　楊高參　　杜處長　　鈕處長　李處長

　　　　　陳處長　　王處長　　梁處長　　林副處長

　　　　　張高參　　仲科長　　翁科長

主　　席：次長劉

紀　　錄：翁　毅

裁決事項

一、長山列島主權案

　　　中蘇友好條約對旅順港之租借，只訂有東、北、
　　　西三面界線，南面未訂有界線。

決議：

海軍總部將所得情報及條約關係函詢外交部，又爾後本
部處裡外交案件，依國際公法以不損主權為原則，其如
有變通，則應由外交部負責。

二、本年夏季軍服增加新兵服裝一百萬套案

決議：

新兵乃補充部隊缺額，對服裝似不應增加，四廳與聯勤
總部研究如何核實發給。

指示事項

一、據報匪軍正破壞：（一）臨城至嶧縣，（二）新泰至
　　臨沂，（三）新泰至泰安，各道路，三廳應加注意。

二、對軍事機密之保守，各單位特宜注意警惕。

第三十四次作戰會報紀錄

時　　間：三十六年二月二十一日下午三時

地　　點：兵棋室

出席人員：劉次長　　　郭次長　　　方次長　　　林次長

　　　　　錢主任　　黃總司令　陳副總司令

　　　　　黃副總司令　　　　　林參謀長　周參謀長

　　　　　周總司令　趙參謀長　侯代廳長　張廳長

　　　　　楊代廳長　郭廳長　　　鄧局長　　王局長

　　　　　杜局長（邢代）　　　徐局長（周代）

　　　　　車副主任　郗署長（向代）　　　吳署長

　　　　　楊高參　　杜處長　　鈕處長　　李處長

　　　　　陳處長　　王處長　　張高參　　仲科長

　　　　　翁科長

主　　席：次長劉

紀　　錄：翁　毅

指示事項

一、大連方面匪軍人員及物資，有向煙台運輸增援膠東
　　之消息，海軍總部應加強該方面之封鎖及巡邏。

二、整 9D 由雲南車運漢口，運輸署注意統計其人數，
　　列表交三、四廳，以便為戰力估計及補給之依據。

三、山東方面以陳毅為中心之匪情，二、三廳詳加研
　　究，擬具意見呈核。

四、主席在作戰檢討會議指示各項，三廳整理後分交
　　有關單位擬具辦法，再召開一小組會議決定後呈
　　復主席並實施。

第三十五次作戰會報紀錄

時　　間：三十六年二月二十八日下午三時

地　　點：兵棋室

出席人員：劉次長　　　方次長　　　秦次長　　　黃總司令

　　　　　陳副總司令　　　　　黃副總司令

　　　　　林參謀長　桂代總司令　　　　趙參謀長

　　　　　鄭廳長（張代）　　　張廳長　　楊代廳長

　　　　　郭廳長　　鄧局長（李代）

　　　　　王局長（石代）　　　徐局長（鄭代）

　　　　　車副主任　郗署長　　吳署長　　杜處長

　　　　　鈕處長　　李處長　　陳處長　　王處長

　　　　　梁處長　　張高參　　仲科長　　翁科長

主　　席：次長劉

紀　　錄：翁　毅

指示事項

一、新泰、萊蕪方面，七十三軍及整四十六師損失詳
　　情，三廳速飭查報。

二、對匪電台偵察所得，每日呈閱，二廳辦理。

三、膠東煙台方面匪軍增援情報，電青島注意，三廳
　　辦理。

四、劉伯誠匪軍行動判斷，如黃河水位不增加，其可
　　能在河北岸向齊河附近進攻濟南，如竄集肥城附
　　近，則以協力陳毅匪部守泰安之公算為多。

五、對剿匪戰事大勢觀察，自去年國大召開，匪方一

再拒絕參加，會後拒絕和談，此次莫斯科將召開三外長會議，而東北匪軍發動大規模攻勢，其有國際背景足資證明，在某方面立場言，其支持匪方與國軍作戰正與過去援助國軍與日寇作戰如出一轍，其目的在消耗兩方之力量，而使自身安全，故吾人對目前作戰上一切問題之考慮，應明瞭此複雜政治及國際關係，不能視為太簡單。

第三十六次作戰會報紀錄

時　　間：三十六年三月七日下午三時

地　　點：兵棋室

出席人員：劉次長　　郭次長　　方次長　　林次長

　　　　　秦次長　　黃副總司令　　　　林參謀長

　　　　　桂代總司令（魏代）　周總司令（徐代）

　　　　　錢主任　　趙參謀長　侯代廳長　郭廳長

　　　　　楊代廳長　劉副廳長　鄧局長（易代）

　　　　　王局長（孫代）　　　徐局長（鄭代）

　　　　　郗署長　　杜處長　　鈕處長　　許處長

　　　　　李處長　　陳處長　　梁處長　　張高參

　　　　　仲科長　　翁科長

主　　席：次長劉

紀　　錄：翁　毅

指示事項

一、66D 北調事，三廳以電話催武漢行轅王參謀長速
　　飭行動。

二、73A 殘留後方部隊，三廳研究處裡辦法。

三、台灣、新疆狀況，二廳應作有系統之整理，以為
　　處理對象。

四、對德州、龍口、黃河口等方面情報，二廳應注意
　　收集，最好預派諜報人員潛入佈置。

五、徐州附近之通訊與醫院等設施應設法加強，關於
　　此類後勤方面之需要，四廳與五廳研究，依狀況

可變通辦理。

六、對東北匪軍此次進犯長春之經過中，二、三廳注意蒐集資料，研究其戰力與過去有何不同，即裝備武器較過去有無加強，其加強之程度如何，以為爾後作戰指導之資。

七、保定、石家莊方面作戰指導問題，主席意攻下滿城後，進攻阜平，余意應乘陳毅、劉伯誠匪主力未向冀南移動前，先尋求聶榮臻匪主力而擊破之，三廳研究檢討呈核。

八、東北方面作戰依匪軍戰力及我軍發展狀況作一研究，余意在關內匪擊破後，有兵力向關外增加時，始可求發展，否則應以維持現狀為宜，又該方面補充應一併檢討，主動實施，三廳會四廳辦理。

九、對保守機密，希單位嚴加注意。

第三十七次作戰會報紀錄

時　　間：三十六年三月十四日下午三時
地　　點：兵棋室
出席人員：總長陳　　　劉次長　　　郭次長　　　方次長
　　　　　林次長　　　秦次長　　　黃總司令　黃副總司令
　　　　　林參謀長　桂代總司令
　　　　　周總司令（毛代）　　　錢主任　　　趙參謀長
　　　　　周參謀長　侯代廳長　郭廳長
　　　　　楊代廳長（洪代）　　　劉副廳長
　　　　　鄧局長（易代）　　　王局長
　　　　　徐局長（鄭代）　　　郗署長　　　吳署長
　　　　　車副主任　楊高參　　杜處長　　　鈕處長
　　　　　許處長　　李處長　　陳處長　　　王處長
　　　　　張高參　　仲科長　　翁科長
主　　席：總長陳
紀　　錄：翁　毅

裁決事項

一、臨沂機場修復費用案
決議：
為適應需要，應撥專款並派員指導修復，空軍總部速辦。
二、上海大場空軍基地警衛兵力請加強案
決議：
飭上海警備司令部派隊增強之，三廳辦理。

三、啟東至射陽河口之匪船一律加以轟炸，如何實施案

決議：

應由海軍總部派船艇巡邏捕捉，不必轟炸，以免誤傷我軍民船隻，且匪船多係掠自民間，炸燬亦殊可惜。

四、駐台灣之海軍警衛營請補充缺額案

決議：

四廳會兵役局辦。

指示事項

總長指示

一、林彪率匪軍八萬餘自大連運煙台之情報甚不合理，如此類之情報，應追究查證，以免影響作戰指導。

二、在徐州偵察電台所用偵測方法，有其優點，應參照利用。

三、偵察電台最要能將匪之電台號碼與其部隊番號一併察出，將其位置標示於素圖上，逕送本人閱。

四、預定之偵察電台應速籌建立。

五、延安廣播電台位置注意偵測，如有所獲，即通知空運總部予以轟炸。

（以上各項二廳速辦）

六、海軍總部對大連、膠東及青島等海上情報應注意蒐集。

七、三廳戰況報告應注意下列各點：

（1）次序：先主要戰場方面，後及次要方面。

（2）要領：先述匪軍企劃，次述我軍處置，再述戰鬥經過，又對於攻擊與搜索等行動應有分

別，使聽者能知要點所在。

八、39D／13A 已請示主席，仍開東北歸制，三廳辦
電令速開。

九、鄭州范副總司令曾請求飭 66D 速開到鄭州，本人
曾指示如萬不得已時可使用 9D（為顧慮該師馬匹
未到，使用不便，不得已時務集結一個旅，方可使
用），三廳下令催促 66D 速開，運輸署注意加速
9D 之運輸。

十、對延安方面狀況之宣傳方式，應研究，本人意似不
宜過於消極（如我俘虜匪方人員可說其投誠），二
廳與新聞局注意研辦。

十一、此次本人視察前方多處，均稱缺乏報紙，對鼓
勵士氣頗有影響，新聞局應多訂中央、和平兩
種報紙逕寄前方部隊。

十二、空軍總部注意轉飭北平、歸綏兩方我空軍，如
發現來往延安方面非我軍飛機，即予截擊。

十三、對 73A 與整 46D 補充案，73A 可先補足三團
制之兩師，整 46D 部長意仍補足二團制之三個
旅，46D 原在青島之二千新兵可先撥補 54A，
至整 46D 可調蚌埠，由安徽徵集新兵或以保安
團撥補，五廳研辦。

十四、國軍綏靖部隊已決定分為進剿部隊、清剿、防
守部隊三種，首先應充實進剿部隊，一律改為
三三制，如目前尚不能全部辦到，可先將師部
特務營擴為特務團，旅部之特務連擴為特務
營，如此其戰力亦酌有增加。又 5A 改為整 5D

後，其師部之特務營可改為特務團，各旅仍保留三團制，五廳研究速辦。

十五、對前方部隊幹部之補充，一廳應派人前往實地辦理，依其能力及戰功，可依其各級長官意見核委，不可一出缺額（較高級者）即由後方派往，且懸缺久不發表，影響士氣不少。

十六、關於復員官兵退役應速辦理，不可拖延，前曾擬定派督導組前往，今已數月未見派出，其已被撤銷之機構官兵久不獲退役金，嘖有煩言，此事應查明責任，余意此督導組可免派，即授權與其直屬主官辦理可也。

十七、據報 80B 此次所接新兵異常瘦弱，兵役局應查究核辦。

十八、後勤方面業務，四廳與聯動統部應密切連繫，以免辦理有所出入。

十九、陸軍總部警衛團應改為三營制，以便分派擔任勤務，又該部遷址辦公應於四月十五日以前遷竣，希照辦。

二十、據 54A 闕軍長稱，該軍自抵青後，迄今未獲新兵補充，現僅有一萬六千餘人，兵役局應速籌增補。

廿一、近據報東北匪軍中有甲軍人員參加，應研究飭杜長官所部組織一種狙擊隊專門對付之，無論擊斃或生俘均照像報部，如何發佈，應商同外交部辦理，二、三廳研究辦理。

廿二、關於遺族學校經費每月約需一千萬元，聯勤總

部研究似可由撫卹費內開支。

廿三、 在此剿匪期間,前方將士艱苦異常,吾人在後方
　　　應知節約,減少應酬,如請客一事應加禁止,
　　　辦公室通令知照。

廿四、 對保守機密不可徒口頭詔誡,遇獲有事實,應
　　　予嚴辦,懲一警百。

次長劉指示

一、延安方面匪方機關及部隊如發現向晉北或綏遠移
　　動,應速通知閻、傅兩主任,以便防堵。

二、蘇北清剿計劃應俟顧總司令全般計劃呈到後統一
　　核定,以免兩相矛盾。

次長郭指示

一、對保守機密,希各同人注意,並告知所屬,即家
　　屬亦不能說,方期無洩漏之虞。

第三十八次作戰會報紀錄

時　　間：三十六年三月二十一日下午三時

地　　點：兵棋室

出席人員：郭次長　　方次長　　劉次長　　黃總司令

　　　　　黃副總司令　　　　林參謀長　周參謀長

　　　　　周總司令（毛代）　錢主任　　趙參謀長

　　　　　侯代廳長　郭廳長　　楊代廳長　劉廳長

　　　　　鄧局長（李代）　　王局長　　徐局長

　　　　　郗署長　　吳署長　　車副主任　楊高參

　　　　　杜處長（王代）　　鈕處長　　許處長

　　　　　李處長　　陳處長　　王處長　　梁處長

　　　　　張高參　　仲科長　　翁科長

主　　席：次長郭

紀　　錄：翁　毅

裁決事項

一、海軍伏波號砲艦與招局海閩輪在距離廈門一百海
　　浬之龜嶼海面互撞，伏波號當即沉沒，應如何辦
　　理案

決議：

海軍總部迅將實情調查清楚，報告總長及主席。

二、奸匪王定烈、李人林等股一、二千人有竄沅陵、辰
　　谿企圖，該地附近我倉庫甚多，應加強防範案

決議：

三廳研究轉飭防堵。

指示事項

無。

第三十九次作戰會報紀錄

時　　間：三十六年三月二十八日下午三時

地　　點：兵棋室

出席人員：總長陳　　次長劉　　郭次長　　方次長

　　　　　林次長　　秦次長　　黃副總司令

　　　　　王副總司令　　　　林參謀長　周參謀長

　　　　　錢主任　　趙參謀長　侯代廳長　郭廳長

　　　　　楊代廳長　劉代廳長　鄧局長（李代）

　　　　　王局長　　徐局長　　郝署長　　吳署長

　　　　　車副主任　楊高參　　杜處長（王代）

　　　　　許處長　　李處長　　陳處長　　王處長

　　　　　梁處長　　張高參　　仲科長　　翁科長

主　　席：總長陳

紀　　錄：翁　毅

裁決事項

一、太康號軍艦原定駛往日本執行佔領任務，現為適應
　　目前需要，擬改用渤海方面乞示案

決議：

遵照主席手令指示辦理。

二、閻主任要求空運太原物資噸位數過多，空軍無力
　　擔任，如何辦理案

決議：

四廳會聯勤總部摘其特別重要且急需之種類噸數列交空
軍總部空運，餘改由陸運。

指示事項

甲、總長指示

一、四月份軍糧之分配額應以戰鬥序列之機關部隊為準，其數字依第三廳所核定統計者核實配發，不可只憑各該方面長官之請求，致將非戰鬥序列者亦一律列計，虛糜軍糧，影響全般補給，四廳會聯勤總部注意辦理。

二、救濟總署目前告知本人，三月廿三日我軍飛機在石臼所附近向該署運輸救濟物資之車輛掃射，遭受損失，請飭制止，當答以事前未經通知，本部不能負此責任，希以後凡有此類物資運經共軍區域者，應事先通知，並明顯標識，以便轉飭注意等語，希以後空軍總部轉飭注意。

三、河北第六兵站總監呂文貞來京報告該方面缺額甚多，請儘速補充，兵役局注意，儘可能予以新兵撥補。

四、湘南師管區司令荀吉堂辦理徵兵成績最佳，應傳令嘉獎，又唐孟瀟先生對役政協助甚多，亦應函謝兵役局辦理。

五、長江以南各省現存軍品應速全部清理北運，尤須嚴察禁止經管人員以尚堪用或稍修理即可用之物資報作廢品私自出售，以除弊端。

六、目前參政會駐會委員會亦曾提出有關本部數事，茲由軍副主任報告（總長並指示如左辦理）。

　　1. 南京甲家巷房屋被空軍總部衣大隊長佔住，前往交涉之某參政員夫人並被衣大隊長無理辱罵，

請飭糾正──空軍總部應查明實情，合理解決。

2. 三十四標某號房屋被本部職員佔住，不肯遷讓
   亦不給租──二廳會特勤處查明，依合法手續
   辦理。

3. 無錫駐軍擅砍民間樹木，尤其將十餘年方可長
   成之梨樹砍伐，為民眾所痛恨──查無錫無國軍
   駐防，是否第十七軍官總隊或地方團隊所為，
   五廳會中訓團查明嚴辦。

4. 據報湘西駐軍販賣煙毒及擾民，又湘西保安部
   隊腐敗不堪作戰──三廳會監察局將上述情形轉
   知該方面指揮嚴禁，並加整肅，不可以人事關
   係而忽略之。

5. 上海金潮據報有國軍部隊以軍餉囤購金鈔投機
   ──二廳會監察局將調查所得公佈，以正社會
   觀聽。

6. 據報廣東及福建有軍隊走私情事，尤以海軍為甚
   ──此事本人當答復係走私假冒海軍名義所為，
   海軍總部應密查緝捕此類奸人船隻及貨物。

7. 據報青海省府徵兵以馬代丁及四女孩代馬之事，
   所徵額復超出中央所配額數倍，人民痛苦不堪
   ──兵役局應查明青海省代辦徵兵情形呈核。

七、一般社會人士誤解：（一）國軍士氣不振原因由於
   整編，（二）既整軍又徵兵，兩者互相矛盾。其
   實兩者觀察均錯誤，前者整軍我認為是成功的，
   試想如不整軍，在此年來物價不斷增漲，軍費支
   出受預算限制，國軍如何維持，且依年來整軍情

形，凡經整編而又有訓練之部隊，戰力最強，為姦匪所畏懼，其已整編而訓練稍差者，其戰力亦可與姦匪相儔，其未整編又無訓練之部隊，經常為姦匪攻擊之對象，後者整軍與徵兵卻是一事之兩面，徵兵即為的是整軍，以使兵員新陳代謝，改良素質，且徵兵係動員之基礎，亦係國防設施重要之一環。五廳與兵役局應研究作成理論之文章發表，以糾正上述錯誤觀念。

八、據胡主任電話，西安方面並不缺軍糧，所缺者為磨麵粉機器，四廳與聯勤總部研究如何補救。

九、對延安攻略俘獲詳情，二廳與四廳應派員前往調查報部。

十、各單位送與本人核閱之公文，除有時間性之情報或急辦案件外，其餘一律送到辦公室，不必送至家中或本人到何處即追送到何處，希各注意。

乙、次長劉指示

一、合水、慶陽應速攻佔，三廳電胡主任速辦。

二、二廳測聞所得匪情，應隨時與三廳所得情況交換對證，製表呈閱。

三、三廳所擬作戰計劃與後方交通補給諸後勤設施有關，應適時告知四廳與聯勤總部研究計劃，以期配合。

四、延安姦匪政府移動情形，二廳注意偵察蒐集情報。

第四十次作戰會報紀錄

時　　間：三十六年四月七日下午三時

地　　點：兵棋室

出席人員：總長陳　　劉次長　　郭次長　　方次長

　　　　　林次長　　黃總司令　桂代總司令

　　　　　王副總司令　　　　林參謀長　趙參謀長

　　　　　侯代廳長　郭廳長　　楊代廳長　劉代廳長

　　　　　許處長　　李處長

主　　席：總長陳

紀　　錄：翁　毅

裁決事項

一、王司令官請將青島附近之五個交警總隊調防案

決議：

可將該五個總隊改編成一個師歸 54A 闕軍長指揮，又在其他方面之交警總隊亦可準此辦理，五廳會三廳研辦。

二、關於當前綏靖作戰似應置中心於山東方面案

決議：

此事主席歷次已有指示如此辦理，惟其他方面亦不能無所兼顧，依目前山東我軍兵力實已足解決陳毅匪軍有餘，本部作戰指導應就現有兵力計劃，不可作再增加兵力之打算，三廳注意。

三、空軍人力、物力有限，依目前狀況擬對台灣機場
　　放棄一部份案

決議：

原則可行，細部由空軍總部專案呈核。

指示事項

甲、總長指示

一、防陳毅匪軍由臨沂及其以東地區南犯之對策，顧
　　總司令已有決定。

二、保定方面應抽出一個軍兵力控制機動，以應狀
　　況，三廳研究下令飭遵。

三、對狀況報告對匪我番號、兵力、時間、地點、行
　　動應熟記，並將各種比例尺地圖之有關位置對
　　照，使報告時毫無失疏之情形。

四、關於聯總行總請求本部通令前方部隊保護其工作
　　人員及物資運入共區案，應由四廳統一辦理，又
　　辦理時應先與沈祕書昌瑞一商。

五、對空軍誤炸聯總行總人員物資事，應再通令陸海
　　空軍三方注意。

六、部長指示駐台灣部隊補給應一律發給現品，又官
　　兵待遇應酌予提高，四廳會聯勤總部辦理。

七、台灣駐防部隊（整 21D）人員應充實，非有部隊
　　接防不可抽調，三廳、五廳注意。

八、73A 及整 46D 兩部隊應速整補充實，以利爾後使
　　用，五廳會四廳辦。

九、現各師管區公費確屬不夠，應酌予增加，聯勤總

部會預算局研辦。

十、對目前官兵生活之改善，可酌加發實物及眷屬福
利品，聯勤總部研辦。

乙、次長郭指示

一、台灣各倉庫物資損失情形應派員前往密查，以免
經管人作弊，聯勤總部辦理。

第四十一次作戰會報紀錄

時　　間：三十六年四月二十一日下午三時
地　　點：兵棋室
出席人員：總長陳　　劉次長　　郭次長　　方次長
　　　　　林次長　　黃總司令　桂代總司令（■■代）
　　　　　王副總司令　　　　　林參謀長　趙參謀長
　　　　　侯代廳長　郭廳長　　楊代廳長　劉廳長
　　　　　許處長　李處長
主　　席：總長陳
紀　　錄：翁　毅

裁決事項

一、魯南及陝北已收復區域，公路路基及路面均甚惡
　　劣，易使車輛損壞，若雨季到臨，將更增加運輸
　　上困難，如何辦理案

決議：

除由國軍工兵部隊應急修補外，應商請交通部乘雨季前
趕速整修，以適應軍事上需要，四廳辦理。

二、陝北地區缺乏水壺及救急藥水，請速發給案

決議：

現夏季將臨，陝北地區缺水，聯勤總部應僅先撥發，又
其他各部隊當亦需要，應統籌趕製配發。

三、現各重要空軍基地機場跑道損壞甚劇，如不修
　　補，易使飛機損壞，但修築一良好跑道動需二、
　　三十億元，本部無此鉅額預算，如何辦理案

決議：

應分別輕重緩急，分期修築，在人力方面利用航空工兵團，在材料方面聯勤總部僅可能予以供給，如此人力、材料均可減少，則費用自可減省，希空軍總部與聯勤總部連繫研辦。

四、閻主任請發修補太原機場工料費七十五億元案

決議：

該機場可列在二期修補計劃中，同時注意供給所需材料，空軍總部會聯勤總部擬復。

五、永年守軍尚未解圍，空投補給消耗空軍兵力甚
　　大，可否不再維持，乞示案

決議：

過去年餘既已維持，似不應功虧一簣，仍酌予投送。

指示事項

甲、總長指示

一、山東方面會戰之機已熟，應催徐州司令部迅速行動，捕捉匪軍主力，目前國軍部署似尚追隨匪軍，應飭加強主動並注意。
　　主席指示向莒城、沂水進出，三廳研辦。

二、豫北方面部署應速調整，依狀況可暫採攻勢防禦，三廳研辦。

三、目前匪軍主力已達最高峰，我軍兵力應速加強，五廳會三廳及兵役局等研擬辦法送核。

四、整46D現急待整補，三個月後難期應用，三廳注意勿賦與其他任務。

五、51D、58D、88D、10D 等部隊應派員監訓，期速
充實戰力，使在兩個月後能以參戰，五廳會三、
四廳辦理。

六、陝北方面延安至環縣間之囊形地帶應速削除，至
三邊方面，馬鴻逵部暫可攻勢防禦，並作廣正面
搜索，俟主力部隊北進至相當地點時，再南下會
師，三廳研究辦理。

七、國民參政會開會，例須部長報告軍事狀況，如由
本人出席報告時，二、三廳應準備報告材料與辦
公室車副主任商洽，至遲於報告前一禮拜送閱。

八、海軍總部請派蕭勃留美受訓，而主席又有令調其
當侍從武官，海軍總部應與一、二廳連繫辦理，
以免手續衝突。

九、本部借用上海江灣倉庫地址即將遷出，可不必再
行修理，不存上海、南京、昆明、台灣等地物資
限期（三個月）清理完畢，或發給部隊或公開標
售，勿再堆置任其霉爛，聯勤總部速辦，陸海空
各總部及監察局均須派員參加。

十、據報對發給經費物品發現有延宕舞弊情事，聯勤
總部應會監察局澈查並嚴辦呈報。

十一、主席目前視察軍官訓練團，覺其課程內容空洞，
應研究實際問題，本部各單位負責之高級人員應
親自主持小組討論，解決問題，現我提出三項請
大家準備：（一）作戰經驗教訓之檢討，（二）
編制裝備之修正與後勤補給諸設施之改善（關
於編制應研究一基本單位（連與團）使適合綏靖

作戰之要求），（三）黨政軍如何切實配合。

十二、軍官訓練團課程結束後，可令多留一天，將每一問題研究結果推定一、二學員提出報告，由本部各主管單位主官答復，如此可將問題實際解決，而減少將來無數公文之往返，有關各廳會中訓團辦理。

乙、次長劉指示

一、兩月以來匪軍為配合莫斯科四國外長會議與策應山東方面匪軍之作戰，故在各地發動攻勢，如在四月底以前我軍在山東方面不能予匪以重大打擊，獲得決定性之勝利，則其他戰場將生不利影響，三廳研究。

二、山東以外各戰場爾後應考慮如何增加兵力，預計晉南一個師、豫北一個師、平津兩個師、東北一或二個師、黃泛區一個師，合共需六或七個師，三廳預備研究，於第一線抽調二個師，在後方增派二、三師。

三、三廳簽呈派員赴南方視察戰況，總長已同意，但需派較高級人員，四、五廳亦應聯繫，期能提供改進之有力意見。

補遺

海軍總部將年餘俘獲匪軍人員物資列表呈閱。

作戰會報紀錄分送表

1 總長陳
2 劉次長
3 郭次長
4 方次長
5 國防林次長
6 海軍總部桂代總司令
7 空軍總部周總司令
8 聯勤總部黃總司令
9 第二廳侯代廳長
10 第三廳郭廳長
11 第四廳楊代廳長
12 第五廳劉廳長
13 軍務局毛副局長
14 總長辦公室車副主任
15 第三廳第一處許處長
16 第三廳第二處李處長
17 第三廳第三科翁科長
18 附卷存查

第四十二次作戰會報紀錄

時　　間：三十六年五月五日下午五時

地　　點：兵棋室

出席人員：劉次長　　　郭次長　　　林次長　　　黃總司令

　　　　　桂代總司令　　　　　周總司令（徐代）

　　　　　林參謀長　趙參謀長　侯代廳長　郭廳長

　　　　　楊代廳長（洪代）　　劉廳長　　許處長

　　　　　李處長

主　　席：次長劉

紀　　錄：翁　毅

裁決事項

一、上次作戰會報總長指示第十條「據報對發給經費物
　　品發現有延宕舞弊情事」一節，聯勤總部將調查
　　所得書面呈報總長。

二、駐青島交警總隊仍以調北寧路為宜，三廳再研辦。

三、傘兵總隊改編為快速大隊案，遵主席指示辦理，
　　三廳速下令。

指示事項

一、安陽防守問題應研究其計劃與部隊裝備，予以指
　　示及充實，豫北部隊仍應北上支援，三、四廳研
　　究速辦。

二、對國軍各部隊之功過獎懲與補充，自應根據其戰
　　績嚴為辦理，一、三、五廳注意。

第四十三次作戰會報紀錄

時　　間：三十六年五月十二日下午三時

地　　點：兵棋室

出席人員：總長陳　　　劉次長　　　郭次長　　　方次長

　　　　　林次長　　　劉次長　　　黃總司令　　桂代總司令

　　　　　周總司令　　林參謀長　　趙參謀長　　侯代廳長

　　　　　郭廳長　　　楊代廳長　　劉廳長　　　車副主任

　　　　　許處長　　　李處長

列席人員：郗署長　　　張緒滋（傘兵總隊）

主　　席：總長陳

紀　　錄：翁　毅

裁決事項

一、由 208D 派兵一營加強天津新河倉庫警衛案

決議：

可照辦，但所存砲彈應速依各該方面需要，分運北平、
東北存儲，四廳會三廳、聯勤總部辦理。

二、關於傘兵總隊編組快速大隊諸問題，決議如左：

　　1. 配屬部隊仍照原待遇支給，不必報高。

　　2. 以前青年軍參加傘兵奉准復員之人，應速按復
　　　 員區域輸送完畢。

　　3. 所屬衛生隊及擔架應速設法撥配成立。

　　4. 主席校閱事項（操場及野外），應將課目時間
　　　 地點報請主席核示。

　　以上各項空軍總部會聯勤總部辦理。

三、關於快速大隊之編組、裝備與使用問題，余意因
　　傘兵訓練不易，且戰場經驗缺乏，似以用於已收
　　復區配合國軍擔任掃蕩戰為宜，如蘇北、黃泛區
　　等，俟其作戰經驗充足後再適時使用於他方面，
　　因此對裝備宜求輕便，配屬車輛不必固定，三、
　　五廳會有關單位研辦，並簽呈主席。

四、對空投補給永年軍民糧彈案

決議：

過去本人已有指示（查係第四十一次作戰會報），不應
功虧一簣，如確有困難，可將詳情簽請主席核示。

指示事項

甲、總長指示

一、山東匪軍據余觀察：

　　1. 目前決不肯輕易放棄山東他竄。

　　2. 黃河障礙力大，晝間有我空軍監視，夜間渡河困
　　　難，因此我軍：

　　　(1)部隊向濟南轉用不可過早，先攻佔沂水、莒
　　　　縣，防匪南竄。

　　　(2)適時轉用至少兩個整編師兵力於濟南方面，
　　　　進出周村、張店，與萊蕪方面國軍配合控制
　　　　淄博礦區，再期捕匪主力，三廳研究。

二、運城與安陽狀況較為緊急，但運城存備糧彈足敷
　　兩月之用，安陽因蓄集有民眾三十餘萬人，持久
　　糧食成問題，應先設法解圍，除 135B ／ 66D 仍使
　　用於豫北外，可抽掉 85D 轉用豫北，三廳研究。

三、據報 G1D ／ 8A 有六千人，李軍長將部隊缺額另抽編一個旅作學兵營之用，如此減削部隊戰力，頗屬不妥，五廳應查辦。

四、此次本人視察前方，部隊對作戰命令不貫澈、不協同、指揮不統一之原因，其癥結似仍在序列與人事，例如整編師師長在名義上不便指揮軍長，又師長指揮師長亦多存客氣，故余意未整編之軍師仍應改為整編師旅，其較優秀之軍長可仍使當軍長，而於其所屬之師長手中擇一優秀者提升為整編後之師長，再配屬一些部隊歸其原來之軍長指揮。

又旅直屬單位過多，佔去警衛兵力，減少戰鬥兵力，例如兩旅四團之師，一個師部及兩個旅部佔去一團警衛兵力，實際只有一個團兵力作戰矣，故一師三旅六團，實不如一師兩旅六團之戰鬥力大，今後應逐漸改為一師兩旅（六團）、一軍兩師（十二團）制，又步兵連兵力似覺太大（一百八十餘人），運用不靈活，連長指揮能力不夠，應研究減少人數，維持其火力。

五、關於輕重裝備問題宜從長計議，因輕裝備擔任攻擊火力不足，在制壓匪軍採取攻勢，實以重裝備為優，如 5A、11D 是重裝備，實較 64D、65D 等輕裝備師之攻守能力均強大。

以上各項五廳會三廳研辦。

六、徐州第一補給倉庫失火案，聯勤總部應澈查下列三點：

1. 起火原因。

　　2. 油彈庫何以不隔離。

　　3. 74D 換下之械彈為何不遵令速運東北，致遭焚
　　　燬，予以嚴辦。

七、徐州第一補給區業務繁重，聯勤總部應盡力協助
　　之，仍據報該區所需軍糧，仍須自往蕪湖、九江、
　　漢口等地領運，如此益增加其困難，實為不當，應
　　予糾正。

八、聯勤總部派往徐州採購黃豆之梁專員，有利用職
　　權舞弊情事，應即查明嚴辦。

九、分配車輛不可過於干涉細部，應整數撥給各高級司
　　令部授權分配各部隊為宜，四廳與聯勤總部注意。

十、徐州陸軍醫院編制不合理，職員太多，醫務人員
　　太少，應研究改正。

乙、次長劉指示

一、對山東匪軍作戰，應考慮如匪留置一部兵力配合地
　　方部隊以牽制我主力，而以其主力渡黃河北竄，尋
　　找我弱點方面攻擊時，應如何應付，三廳研究。

二、對滄縣、德州各附近，二廳應預派諜報人員潛入
　　蒐集情報，以供作戰指導之資。

作戰會報紀錄分送表

1 總長陳	10 第三廳郭廳長
2 劉次長	11 第四廳楊代廳長
3 郭次長	12 第五廳劉廳長
4 方次長	13 軍務局毛副局長
5 國防林次長	14 總長辦公室車副主任
6 海軍總部桂代總司令	15 第三廳第一處許處長
7 空軍總部周總司令	16 第三廳第二處李處長
8 聯勤總部黃總司令	17 第三廳第三科翁科長
9 第二廳侯代廳長	18 附卷存查

第四十四次作戰會報紀錄

時　　間：三十六年五月十九日下午三時

地　　點：兵棋室

出席人員：林次長　　郭次長　　方次長　　黃總司令

　　　　　桂代總司令　　　　周總司令（胡代）

　　　　　林參謀長　趙參謀長　侯代廳長　郭廳長

　　　　　楊代廳長　劉廳長　　楊高參　　許處長

列席人員：徐局長　　郗署長

主　　席：次長林

紀　　錄：翁　毅

裁決事項

一、上海海軍基地警衛兵力不足，擬請成立陸戰隊一
　　個團，其兵源可由台灣募集之（據調查台灣有三－
　　六萬人經日寇訓練，甚精），加以裝備即可使
　　用，乞示案

決議：

海軍總部將擬辦意見簽呈總長。

二、關於編成戰略預備兵團與迅速補充各部隊缺額及
　　武器裝備，編成每整編師二旅六團案

決議：

五廳召集有關單位研辦，至 28D 人事，可俟總長來電
後再發表。

指示事項

甲、次長林指示

一、各省保安處及保安部隊依目前狀況未改警者，似可仍保單位，應研究如何調整及統一指揮，以充實後方警衛兵力，至改為警保隊，難免不有削弱戰力之顧慮，為期符合政令，可俟一、二年後再改制，如何，五廳召有關單位研究辦理。

二、據宣司令稱，上海警衛兵力不足，請抽調部隊增強，三廳研究辦理。

乙、次長郭指示

一、俘獲匪方重要文件應呈主席閱，二、三廳注意。

二、瀋陽杜長官請求經常控制五架運輸機以便適應戰況運用，空軍總部擬辦。

三、青年訓導大隊現已集有五、六萬人，應研究如何消納運用，四、五廳會兵役局研辦。

第四十五次作戰會報紀錄

時　　間：三十六年五月二十六日下午四時
地　　點：兵棋室
出席人員：劉次長　　郭次長　　方次長　　林次長
　　　　　黃總司令　桂代總司令
　　　　　周總司令（徐代）　　林參謀長　趙參謀長
　　　　　侯代廳長（張代）　　郭廳長（王代）
　　　　　楊代廳長　劉廳長　　楊高參　　許處長
　　　　　李處長
列席人員：劉次長（士毅）　　　郗署長
主　　席：次長劉
紀　　錄：翁　毅

指示事項

甲、次長劉指示

一、對東北方面作戰指導應集結兵力於中長路，先擊
　　破四平街附近之匪軍，再求其他方面要點、要線
　　之恢復，因此目前對次要點線可一時放棄，三廳
　　研究辦理。

二、重砲兵增調東北案，改為以團部率砲兩營用緊急
　　運輸方法輸送，三廳會運輸署速辦。

三、安陽被圍，軍糧民食極嚴重，勢難持久，應盡可
　　能抽調增強豫北北上解圍兵力，不得已時亦應接
　　應其突圍，三廳速擬辦呈核。

四、對進犯北寧路威脅秦皇島匪軍，應電李主任澈底

抽調可期擊破匪軍之兵力迅速行動，三廳速辦訓
令轉知。

乙、次長郭指示

一、秦皇島、葫蘆島所存物資情形，四廳列表呈閱。

作戰會報紀錄分送表

1 總長陳
2 劉次長
3 郭次長
4 方次長
5 國防林次長
6 海軍總部桂代總司令
7 空軍總部周總司令
8 聯勤總部黃總司令
9 第二廳侯代廳長
10 第三廳郭廳長
11 第四廳楊代廳長
12 第五廳劉廳長
13 軍務局毛副局長
14 總長辦公室車副主任
15 第三廳第一處許處長
16 第三廳第二處李處長
17 第三廳第三科翁科長
18 附卷存查

第四十六次作戰會報紀錄

時　　間：三十六年六月二日下午三時
地　　點：兵棋室
出席人員：總長陳　　林次長　　方次長　　黃次長
　　　　　周總司令　桂代總司令　　　　郭總司令
　　　　　林參謀長（王代）　　周參謀長
　　　　　趙參謀長（胡代）　　張副廳長　羅廳長
　　　　　楊代廳長　劉廳長　　楊高參　　車副主任
　　　　　許處長　　李處長
主　　席：總長陳
紀　　錄：翁　毅

指示事項

一、據報公主嶺我軍存糧五萬五千噸被匪擄去，聯勤
　　總部速飭查報。
二、鄭州指揮部孫主任據報已請假赴渝，應速就適任
　　人選發表，以專責成，一廳會三廳速辦。
三、整 46D 現整補情形，五廳會三、四廳速查報並補
　　充之。
四、華北及東北未整編師仍以按每師三團補充為宜，
　　四廳研辦。
五、東北行轅所轄人員軍糧應核實撥發，不可仍照五
　　十萬人員計算發給，致成虛糜，四廳注意。
六、對目前各級指揮官人事應慎重遴選調整，其不願擔
　　任者不可勉強，又兵團司令因與後方連繫關係，似

不能過於推前，因此兩個師以上有設置軍司令官
之必要，三、五、一廳研辦。

七、徐州司令部裝甲汽車連因車輛損壞甚多，不能抽
編兩排調西安時，應先將完好車輛編成一排，速
開西安，三廳下令。

作戰會報紀錄分送表

1 總長陳	10 第三廳郭廳長
2 劉次長	11 第四廳楊代廳長
3 郭次長	12 第五廳劉廳長
4 方次長	13 軍務局毛副局長
5 國防林次長	14 總長辦公室車副主任
6 海軍總部桂代總司令	15 第三廳第一處許處長
7 空軍總部周總司令	16 第三廳第二處李處長
8 聯勤總部黃總司令	17 第三廳第三科翁科長
9 第二廳侯代廳長	18 附卷存查

第四十七次作戰會報紀錄

時　　間：三十六年六月九日下午四時

地　　點：兵棋室

出席人員：總長陳　　林次長　　劉次長　　方次長

　　　　　黃次長　　郭總司令　周總司令（毛代）

　　　　　林參謀長　周參謀長　趙參謀長　侯代廳長

　　　　　羅廳長　　楊代廳長　劉廳長　　楊高參

　　　　　車副主任　許處長　　李處長

列席人員：郗署長

主　　席：總長陳

紀　　錄：翁　毅

裁決事項

一、永年守軍是否繼續空投補給案

決議：

四廳會三廳、空軍總部詳查現有空軍運輸實力，再擬案
呈核。

二、對匪軍搶收糧食對策案

決議：

四廳會聯勤總部研擬簽請先發糧款，爭取時間收購新
糧，報請主席、部長核奪。

三、據報法國飛機在西沙群島上空低飛偵察案

決議：

海軍總部一面通知外交部向法方抗議，並準備在該島上
配置高射武器，必要時予以射擊。

指示事項

甲、總長指示

一、對目前山東作戰，主席非常重視，在六月五日主
席在軍官訓團訓示大意如下：「這一戰是我們革命
軍生死存亡所關的一戰，挽回頹勢，把握勝利，
從這一戰開始，我絕對要找全副精神用在這個戰
場上，大家要認識我統帥對這個戰場的決心」。
又關於提高士氣，曾提示：「以後如要提高士氣，
必須注意下面三個口號：（一）不貪污，（二）不
取巧，（三）同甘苦」。又謂：「講到同甘苦，
這本是我們高級將領提高士氣的不二法門，但現
在我們官兵之間生活隔離太遠了，你們這次回部
隊，尤其是團長，務須做到下面三點：（一）每天
要視察一個連士兵生活，要和他們同飲食、共操
作，（二）每週要定期訪問傷病官兵，安慰他們的
痛苦……，（三）每週要公佈伙食賬目及所領主副
食品數量，並由士兵選舉代表組織或經理監察委
員會監察所有經費的收支和物品的使用，這種監
督代表應該由每排選出一人，連長和指導員要親
自主持其事，這種辦法可以說是提高士氣最有效
而最簡單的方法」。
右項由新聞局會有關單位辦理。

二、對臨沂、蒙陰、新泰、萊蕪等地構築工事，應派
員指導監督，三廳主辦，由辦公室、陸軍總部、
聯勤總部、工程署派員前往，對此主席亦曾指示：
（一）按野戰工事要領，（二）半永久強度，（三）

不用碉堡方式，派往監工人員應先到兗州參觀 84D 吳化文所築工事，並閱共匪對 11D 所築工事之批評，以作參考。此外本人提出三點，亦請注意：（一）指揮官位置不可遷就建築物，（二）兵力不可遷就地形，（三）要能改造交通與地形。

三、對人事制度和升遷標準，主席亦有訓示，如左列各項辦理：

1. 升遷標準以戰績為第一，學術與訓練的成績為第二，年資是今後升遷的次要標準，必須有前二者的成績才能輪到年資。

2. 各級官佐職位之保障，自從去年部隊縮編，許多軍官轉業之後，現存的部隊長往往存著一種恐懼心理，以為自己的部隊不知何時被縮編，官佐不知何時被遣散，因為心理不安，以致戰鬥精神亦大受影響，今天告訴大家，我們建軍整個計劃是在剿匪完成之後，將現有部隊編成九十九個整編師，而現有的部隊如果軍改為師、師改為旅之後，與此數目完全相符，所以不須再行裁減，至於現在未經過整編的，則剿匪結束之後仍須改軍為師、改師為旅，而旅的編制則將改編為一旅三團制，現在一師三旅六團的部隊將來須改為一師二旅各轄三個團，團的單位並不改變，只取消一個旅部，而這個編除的旅長即調後方訓練補充兵，仍舊有他的任務。

3. 部隊人事新陳代謝的實行，過去部隊裡面出缺，往往由外面另派一人去充當，致使部隊裡

面有成績的幹部沒有升遷的機會，而人事上亦不能發生新陳代謝的作用，今後這種情形必須改正，任何部隊如有缺出，即就原部隊次一級幹部中選拔戰功最高者遞補升遷（此條總長指示，例如排長出缺，於其營範圍內選之，連長出缺，於其團範圍內選之，營長出缺，在其旅範圍內選之，團長出缺，在其師範圍內選之，準此類推）。

以上 1、3 兩項一廳研辦，2 項五廳會一廳辦理。

四、關於徵兵補充部隊缺額辦法，可參照「共匪作戰要則」及「匪方參軍運動」等辦法，由方次長召集一、三、四廳、兵役、民事、新聞局、聯勤總部兵役班研討如何實施，同時確實如何辦到：（一）使被徵者無後顧之憂，（二）一切為部隊、為前線，（三）主副食及鞋襪等發給，必須每一士兵確能照定量，諸如此類，務求切實做到。

五、殘廢軍人教養院以設置於生活程度較低且極安定之地域（如西昌等地）為宜，其在繁華地區者，可設法遷移，又後方醫院位置亦須顧慮環境適宜及便於傷愈後歸隊，如海州可開設一醫院，聯勤總部擬辦。

六、武漢警備司令部此次對預防學生請願遊行事，處理失當，實越出其職權範圍，三廳研究，通令各警備機關，以後各警備單位在其職權範圍以外之舉動，非有本部命令或先行請示，不得擅動。

七、葫蘆港設基地屯備糧彈案，依余意見，除糧食及

必須械彈並即運前方外，其餘武器器材物資應大
部仍以積集於大沽口為宜，四廳研究。

八、特種手榴彈以發給必須固守之戰略要點守備部
　　隊，並限制使用時機，聯勤總部會三、四廳研究
　　分配。

九、副食所需黃豆，依目前狀況似難在東北購到，應
　　研究向糧食部建議徵實，或請其代購，聯勤總部
　　擬辦。

十、關於右述各項有關者，主席本月五日在軍官訓練團
　　三期訓話，有「國軍如何纔能完成剿匪救民的任
　　務」一小段，即發五廳，可向訓練團要若干本來分
　　發本部各單位一冊，由各單位主官集合所屬宣讀，
　　使本部同人一體知悉恪遵。

乙、次長指示

一、關於蘇方最近在東北及新疆以人員、火砲及飛機
　　直接參加匪軍向國軍攻擊轟炸情事，應向國際及
　　國內提出具體事實揭露，以使世界及國內人士知
　　道，蓋蘇方此種行為，自有其預定計劃，絕不因
　　吾人緘默忍受而停止，亦不會因吾人宣傳而遂致
　　擴大，與其緘默無補於事實，何如及時宣佈尚可
　　使其有所顧忌，否則事態演變恐更嚴重於今日
　　也，二廳與新聞局研究擬辦。

二、東北問題無論在目前或將來，均為我國防上最重
　　要問題，亦即是我國防上第一線戰場，以關內綿
　　長之補給線維持之誠為不易，一旦匪軍企圖向東
　　北全面攻勢，必同時截斷北寧路交通，因此應研

　　究如何在東北自身「以戰養戰」辦法，又葫蘆島港
　　務須力求保持，但現況下軍需品不可屯積過多，
　　四廳會有關單位研究。

三、在山東攻擊開始時，同時向長山島登陸之計劃，
　　三廳與海軍總部即擬定呈報主席。

第四十八次作戰會報紀錄

時　　間：三十六年六月十六日下午四時

地　　點：兵棋室

出席人員：總長陳　　林次長　　劉次長　　方次長

　　　　　黃次長　　桂代總司令

　　　　　周總司令（徐代）　　林參謀長　趙參謀長

　　　　　侯代廳長　羅廳長　　楊代廳長　劉廳長

　　　　　楊高參　　車副主任　許處長

　　　　　李處長（陳代）

列席人員　郗署長　　高副處長

主　　席：總長陳

紀　　錄：翁　毅

裁決事項

一、東北保安司令部請求於長春、瀋陽等處構築十一
　　個據點工事案

決議：

可照准，先復電飭開工，不必等待其預算呈部，三廳
速辦。

二、環縣我守軍要求空投補給案

決議：

應即以西安控制運輸機及糧彈投送，空軍總部會四廳速
下令飭辦。

指示事項

甲、總長指示

一、主席六月五日在軍官訓練團第三期研究班講「國軍如何纔能完成剿匪救民的任務」，該團所印小冊第廿二頁第九行「編成九十九個整編師」一句，經請示應更正為「編成九十個整編師」，又廿三頁第三行「只取消一個旅部」，應更正為「只抽調出一個旅部」，第四行「而這個編餘的旅長」，應去掉「編餘的」三字，將「長」字改為「部」字，又「即抽調後方訓練補充兵」句，應更正為「即調第二線接補新兵訓練充實戰力」，第五廳通知更正（作戰會報第四十七次紀錄亦依此修正）。

二、據報蘇北、青島、天津等地有奸人勾結地方軍警私賣槍彈情事，除海軍總部應加強對封鎖緝捕外，聯勤總部會監察局派員澈查嚴辦（先與海軍總部洽商蒐取情報）。

三、石家莊附近奸匪聶榮臻部主力既已竄集滄縣附近，應飭石家莊守軍乘機向四週活動掃蕩，並收割小麥，三廳下令。

四、海軍總部可將最近俘獲奸匪船隻物品列表呈閱。

次長劉指示

一、特種手榴彈應有特別標誌及注意裝運，又對使用時機與天候地形等關係應使領用部隊各級官兵澈底明瞭，以免誤用反蒙其害，四廳與聯勤總部注意辦理。

作戰會報紀錄分送表

1 總長陳　　　　　　1 1 第四廳楊代廳長
2 劉次長　　　　　　1 2 第五廳劉廳長
3 黃次長　　　　　　1 3 軍務局毛副局長
4 方次長　　　　　　1 4 總長辦公室車副主任
5 國防林次長　　　　1 5 第三廳第一處許處長
6 海軍總部桂代總司令　1 6 第三廳第二處李處長
7 空軍總部周總司令　　1 7 第三廳第三科翁科長
8 聯勤總部郭總司令　　1 8 附卷存查
9 第二廳侯代廳長　　　1 9 陸軍總部顧總司令
1 0 第三廳羅廳長

第四十九次作戰會報紀錄

時　　間：三十六年六月二十四日下午四時

地　　點：兵棋室

出席人員：劉次長　　林次長　　方次長　　黃次長

　　　　　郭總司令　桂代總司令

　　　　　周總司令（毛代）　　林參謀長　趙參謀長

　　　　　侯代廳長　羅廳長　　楊代廳長　劉廳長

　　　　　楊高參　　車副主任　許處長　　李處長

主　　席：次長劉

紀　　錄：翁　毅

裁決事項

一、傘兵總隊請增發乾糧（五、六天）案

決議：

可照准，希聯勤總部撥發。

二、安陽空投每日以三十噸為標準，不限制使用機數案

決議：

可照辦，空軍總部與四廳辦理。

指示事項

一、安陽機場附近匪軍應驅逐，使飛機降落安全，三
　　廳下令飭遵。

二、主要戰場地圖，應指定參謀準備多份，將主要交
　　通線及重要地點標出，並將實地與地圖不符之資
　　料加註，以便呈送計劃案時能同時明瞭地形關

　　係，並將此等資料通知前方有關部隊，三廳注意
　　辦理。

三、對南麻照像照片之判讀欠詳密，三廳應飭主管參謀
　　與空軍總部技術人員聯絡研究，增進判讀能力。

四、安陽及豫北我軍仍應採攻勢行動，對進出目標本
　　人無成見，但須爭取主動，三廳擬辦。

五、各戰場在戰鬥開始前對計劃部署應極力減少電話上
　　通報，如必須時亦應簡要，以保機密，三廳注意。

六、膠濟線濟南、濰縣、青島各點應配合魯南攻勢採
　　取行動，其要領可依上次本人所提示各條（即不打
　　硬仗、不佔地、專破敵後交通及其倉庫物資等），
　　三廳研究下一訓令。

七、東北匪軍歷次對攻堅均少成功，此次我軍如能解
　　四平街之圍，則匪我損失可相抵，匪軍士氣亦將
　　因此而降低，又四平街近郊及市區地圖，三廳應
　　蒐集並以一份呈閱。

八、東北匪軍此次發動攻勢，其主攻、佯攻、牽制、
　　策應各方面配合均甚切合機宜，頗有研究價值，
　　三廳應注意蒐集各項資料，待匪此一攻勢結束，
　　作成戰鬥經過，作一綜合檢討，以供學術研究。

九、匪軍在東北、外蒙、新疆等地有蘇軍及韓匪參加
　　行動之資料，如各廳及各總部中之美顧問向我索
　　取時，即以所得之零星資料供給，不必整理，以
　　存其真相，希各注意。

十、旅大視察資料應速整理，呈出報告，二廳速辦。

十一、以旅大為根據地，將蘇方各種飛機飛行半徑作

成威力圈圖，印制多份，必要時分發各方以資
警惕，二廳會空軍總部辦理。

十二、關於蘇聯政治、軍事、經濟等各種重要資料，
應由此次（第二次）世界大戰前起，亙大戰期間
到現在止，作有系統之整理研究，作成書類，以
供參考，二廳辦理。

第五十次作戰會報紀錄

時　　間：三十六年六月三十日下午四時

地　　點：兵棋室

出席人員：劉次長　　　林次長　　　方次長　　　黃次長

　　　　　郭總司令　周總司令（徐代）　　黃副總司令

　　　　　林參謀長　周參謀長　趙參謀長　侯代廳長

　　　　　羅廳長　　楊代廳長（洪代）　　劉廳長

　　　　　楊高參　　車副主任　許處長　　李處長

主　　席：次長劉

紀　　錄：翁　毅

裁決事項

一、關於黃河復堤如何保護聯總行總工作人員及民工
　　等之安全，並防止匪軍乘機渡河或決堤之舉一案

決議：

除空軍總部照常偵察監視及二廳所派聯絡電台嚴密注意
匪軍行動外，應將復堤之重要性及三方面協定事項，與
顧慮匪方利用復堤、決堤等提出資料，洽商行政院新聞
局請其宣佈，以表明發生不幸事件時之責任問題，二廳
速辦。

劉次長指示事項

一、膠濟路張店、明水以北，通黃河渡口為魯中匪軍
　　重要後方連絡線，可否令飭王司令官適時派隊掃
　　蕩，破壞三廳研究。

二、劉伯誠匪軍如利用復堤，以決堤或渡河竄犯，應
　　如何對策，二、三廳研究擬案呈核。

三、此次四平街戰鬥，我軍勝利情形應有適當宣傳，
　　並列舉戰果，二廳速辦。

四、對東北方面作戰應速加檢討，今後如就現有兵力
　　或由關內抽調增強兵力或就地充實戰力，以決定
　　作戰指導方案，三廳研辦。

五、對目前空軍兵力之使用應盡量節約，非至萬不得
　　已時，地面部隊應不可依賴空軍，以期在必要時
　　發揮其效能，三、四廳注意。

六、目前保定綏署作戰計劃應檢討，予以適當指示，
　　三廳辦理。

七、四平街戰役，陸空及後勤人員之勛獎速飭查報，
　　三、一廳會有關單位速辦。

作戰會報紀錄分送表

1 總長陳
2 國防黃次長
3 劉次長
4 林次長
5 方次長
6 陸軍總部顧總司令
7 海軍總部桂代總司令
8 空軍總部周總司令
9 聯勤總部郭總司令
10 第二廳侯代廳長
11 第三廳羅廳長
12 第四廳楊代廳長
13 第五廳劉廳長
14 軍務局毛副局長
15 總長辦公室車副主任
16 第三廳第一處許處長
17 第三廳第二處李處長
18 第三廳第四科翁科長
19 附卷存查

第五十一次作戰會報紀錄

時　　間：三十六年七月七日下午四時

地　　點：兵棋室

出席人員：總長陳　　　林次長　　　劉次長　　　方次長

　　　　　黃次長　　桂代總司令

　　　　　周總司令（徐代）　　　黃副總司令

　　　　　林參謀長　趙參謀長　侯代廳長　羅廳長

　　　　　楊代廳長　劉廳長　　楊高參　　許處長

主　　席：總長陳

紀　　錄：翁　毅

指示事項

甲、總長指示

一、關於第二線兵團，西安綏署方面可由 10D、36D 先
　　各抽出一個旅（共六個團），仍歸胡主任指揮，又
　　陸軍總部方面由 11D 抽出一個旅，亦仍歸顧總司
　　令指揮，七四師抽出一個旅，歸王司令官指揮，
　　五廳速辦。

二、山東沂蒙山地收復區所獲之匪方物資，聯勤總部
　　速協助各部隊運出，以免匪軍爾後重建根據地，
　　四廳與聯勤總部會陸軍總部速研辦。

三、東北國軍部隊與保安部隊之調整充實，余意可以
　　保安部隊大部撥補國軍（團以下不分割），既可迅
　　速恢復戰力，減輕地方負擔，且作戰上能收統一
　　運用之效，五廳會三廳研辦。

四、晉南方面匪軍陳賡主力似已東竄，我軍在該方面
　　之 30D、10D 兩部應乘機積極掃蕩，或抽調轉用，
　　免將有用兵力置於無用，三廳研究。

五、對平津方面作戰應指示積極行動，對部隊須調整充
　　實（如 62D 可將 95B 抽出補足，傅主任方面已增加
　　一個步兵師及一個騎兵旅，又充實原馬占山之兩個
　　騎兵旅），三、五廳研辦。

六、西北行轅方面 82D 馬繼援部可增加一步兵團，青海
　　部隊增加四個團（步騎兵未奉指示，故未記出），五
　　廳速辦。

七、對加強地方武力協助國軍剿匪案，各方意見頗多，
　　五、三廳、民事局應切實研究擬辦。

乙、次長劉指示

一、保定綏署方面對作戰似缺積極企圖心態，總長出巡
　　時能經過平津，對該方面予以指示，各廳隨同前往
　　人員應將情況分析清楚，以便隨時呈總長參閱。

二、二廳所獲重要匪情應適時通知有關前方司令部。

三、對劉伯誠匪部應乘其渡河立足未穩前，迅速採取
　　攻勢，對黃泛區魏風樓等股匪之清剿不得放鬆，
　　對陳賡匪部之竄踞沁陽、博愛應擬定對策，上述
　　各點三廳應綜合研辦。

四、海軍原預定之任務現已解除，仍應配合各方之作
　　戰，三廳注意。

作戰會報紀錄分送表

1 總長陳
2 國防黃次長
3 劉次長
4 林次長
5 方次長
6 陸軍總部顧總司令
7 海軍總部桂代總司令
8 空軍總部周總司令
9 聯勤總部郭總司令
10 第二廳侯代廳長
11 第三廳羅廳長
12 第四廳楊代廳長
13 第五廳劉廳長
14 軍務局毛副局長
15 總長辦公室車副主任
16 第三廳第一處許處長
17 第三廳第二處李處長
18 第三廳第四科翁科長
19 附卷存查

第五十二次作戰會報紀錄

時　　間：三十六年七月十四日下午四時
地　　點：兵棋室
出席人員：林次長　　劉次長　　方次長　　黃次長
　　　　　黃副總司令　　　　　周總司令（徐代）
　　　　　林參謀長　周參謀長　趙參謀長　侯代廳長
　　　　　羅廳長（王代）　　　楊代廳長　劉廳長
　　　　　楊高參　　許處長　　李處長（陳代）
列　　席：郗署長
主　　席：次長劉
紀　　錄：翁　毅

指示事項

一、安陽 40D 李師長振清如有回電，請軍務局（或第
　　三廳）即通知空軍總部。

二、魏德邁將軍即將來華調查，二廳應將有關情報研
　　究整理，俾供層峰適時需要提出。

三、目前國軍編制中，戰略單位問題殊有研究之必要，
　　徵諸剿匪經驗，如分割一個旅獨立使用，每因缺
　　乏特種兵而被消滅，如配屬一部砲、工兵，則大感
　　步兵不夠及使用上之不便，故戰略單位似仍以三三
　　制為較佳，五廳參考。

作戰會報紀錄分送表

１總長陳　　　　　　　　　１１第三廳羅廳長
２國防黃次長　　　　　　　１２第四廳楊代廳長
３劉次長　　　　　　　　　１３第五廳劉廳長
４林次長　　　　　　　　　１４軍務局毛副局長
５方次長　　　　　　　　　１５總長辦公室車副主任
６陸軍總部顧總司令　　　　１６第三廳第一處許處長
７海軍總部桂代總司令　　　１７第三廳第二處李處長
８空軍總部周總司令　　　　１８第三廳第四科翁科長
９聯勤總部郭總司令　　　　１９附卷存查
１０第二廳侯代廳長

第五十三次作戰會報紀錄

時　　間：三十六年七月二十一日下午四時

地　　點：兵棋室

出席人員：總長陳　　林次長　　劉次長　　方次長

　　　　　黃次長　　郭總司令　桂代總司令

　　　　　周總司令（徐代）　　林參謀長　趙參謀長

　　　　　侯代廳長　羅廳長　　楊代廳長（洪代）

　　　　　劉廳長　　楊高參　　車副主任　許處長

　　　　　李處長

列　　席：郗署長

主　　席：總長陳

紀　　錄：翁　毅

指示事項

甲、總長指示

奉諭略。

乙、次長指示

一、對抽調一個整編師赴東北（先使到達冀東，參加
　　掃蕩任務完成後，再應機調東北或其他方面）一
　　案，三廳預為研究，抽調 40D，但須注意其接防
　　部隊，如以 21D 調接蘇北，則台灣防務須有部隊
　　擔任。

二、潘文華所部仍應續催東調。

三、騎兵部隊應機動使用（搜索、迂迴、掃蕩、追
　　擊），以配合步兵部隊之攻擊，切備用於守備或防

禦，三廳下一訓令，飭王司令官仲廉注意。

作戰會報紀錄分送表

１總長陳　　　　　　１１第三廳羅廳長
２國防黃次長　　　　１２第四廳楊代廳長
３劉次長　　　　　　１３第五廳劉廳長
４林次長　　　　　　１４軍務局毛副局長
５方次長　　　　　　１５總長辦公室車副主任
６陸軍總部顧總司令　１６第三廳第一處許處長
７海軍總部桂代總司令　１７第三廳第二處李處長
８空軍總部周總司令　１８第三廳第四科翁科長
９聯勤總部郭總司令　１９附卷存查
１０第二廳侯代廳長

第五十四次作戰會報紀錄

時　　間：三十六年七月二十八日下午四時

地　　點：本部兵棋室

出席人員：總長陳　　　林次長　　　劉次長　　　方次長

　　　　　黃次長　　　郭總司令　　桂代總司令

　　　　　周總司令（徐代）　　　林參謀長　　趙參謀長

　　　　　侯代廳長　　羅廳長　　　楊代廳長　　劉廳長

　　　　　楊高參　　　車副主任　　郗署長

主　　席：總長陳

紀　　錄：高德昌

裁決事項

一、49D、21D、205D 循環運輸案，由第三廳召集聯
　　勤總部運輸署及海軍總部主管運輸人員商辦，但
　　須注意兩項：（1）到滬新兵必須繼續運輸，（2）
　　49D 務須於八月十日前先運到一個旅，廿日前須
　　全部運到。

二、49D 充實案俟到達東北後准充實為三旅九團。

三、台灣警備部隊充實案：（1）准先成立一個警備
　　團，（2）各要塞部隊照需要予以充實，（3）所需新兵
　　由外省撥補，（4）逐漸作到台省警備完全由警備及
　　要塞部隊與陸戰隊共同擔任為原則。

四、馬步芳部充實案，奉主席核定為四個騎兵團，所
　　需武器應儘先予以補充，旋馬主席請求以一個騎
　　兵團改編步兵團，可以照准，五廳注意遵辦。

總長指示

一、山東戰場目前之焦點為臨朐與羊山集之堅守，不
可稍有差池，對臨朐之補給可先用濰縣糧彈，爾
後再由青島補給濰縣，以應急需。

二、滕縣附近之匪已成甕中之鱉，應加緊圍剿堵擊，
防止其竄越徽山湖與劉匪會合，三廳注意研擬對
策，督導實施。

三、運往東北之新兵須注意配發被服鞋襪，每人至少
須發軍毯乙條。

四、接收剩餘物資應先接收急需者，不可因計較單價
而遲滯接收工作之進行，對通信器材尤須注意檢
點，以期實用。

五、敵偽物資之處理，各方嘖有煩言，對運輸署之批評
尤多，原因在本部掌握太緊，未注意分層負責，致
遭受無謂之責難，希聯勤總部要認真檢討，迅速清
理，凡事本部應立於監督指導地位，不可越俎代
庖也。

六、東北及各地營房之修繕應從速著手，如能授權當
地部隊協助辦理，則收效必大，希聯勤總部注意
辦理，又倉庫如有佔用民房者，應查明發還。

作戰會報紀錄分送表

1 總長陳
2 國防黃次長
3 劉次長
4 林次長
5 方次長
6 陸軍總部顧總司令
7 海軍總部桂代總司令
8 空軍總部周總司令
9 聯勤總部郭總司令
10 第二廳侯代廳長
11 第三廳羅廳長
12 第四廳楊代廳長
13 第五廳劉廳長
14 軍務局毛副局長
15 總長辦公室車副主任
16 第三廳第一處許處長
17 第三廳第二處李處長
18 第三廳第四科翁科長
19 附卷存查

第五十五次作戰會報紀錄

時　　間：三十六年八月五日午後四時

地　　點：兵棋室

出席人員：總長陳　　　林次長　　　劉次長　　　方次長

　　　　　黃次長　　　郭總司令　　周總司令　　桂代總司令

　　　　　林參謀長　　周參謀長　　趙參謀長　　侯代廳長

　　　　　羅廳長　　　楊代廳長　　劉廳長　　　楊高參

　　　　　車副主任　　郗署長　　　李處長　　　許處長

主　　席：總長陳

紀　　錄：高德昌

裁決事項

一、台灣各要塞部隊充實案

因兵源困難，暫維現況，俟十一月新兵徵齊後再辦。

二、匪方廣播誇張去年戰績案

二、三、四、五廳會將去年匪方傷亡損失統計檢討列表
呈閱，以便比較研究，二廳主辦。

三、青島上空發見不明飛機投彈案

空軍總部應派機並續偵察。

四、租用商船運輸，租價應如何決定案

四廳會法規司根據戰時動員法令徵用辦法所擬方案呈核。

五、李彌、張天佐及宋瑞珂師達成任務，戰績卓著，
　　應予勛獎案

第一、三廳會簽。

六、山東戰場空軍戰績良好，應特別犒賞案

一、三廳會辦。

七、沂蒙山區匪軍散落民間武器器材甚多，應明訂賞
格收繳

第四廳擬辦。

總長指示

一、沂蒙山區匪軍巢穴現既為我摧毀，各部隊應賦予
積極任務，加緊進剿，以期早日肅清。

二、青濰段公路應積極搶修，以期補給圓滑。

三、戰車團現行編制不切實用，應研究修訂頒佈。

四、接收物資中間有多數戰車材料，應查明利用。

五、運往東北之加式戰防砲一百廿門是否起運，希查報。

六、東北部隊整編案奉准後應速下令實施，如武器裝
備一時不能補齊，自新軍可先配發機槍、迫砲。

七、防寒服裝應即籌備購製，以便運往東北應用。

八、山東戰局穩定後，應準備抽調二、三軍由青島轉
用東北，三廳研究擬案。

第五十六次作戰會報紀錄

時　　間：三十六年八月十一日午後四時

地　　點：兵棋室

出席人員：林次長　　劉次長　　方次長　　黃次長

　　　　　郭總司令　桂代總司令　　　　林參謀長

　　　　　周參謀長　趙參謀長　侯代廳長　羅廳長

　　　　　楊代廳長　劉廳長　　楊高參　　郗署長

　　　　　許處長　　李處長（陳副處長代）

主　　席：劉次長（討論第一項後因參加官邸會報離席）

紀　　錄：翁　毅

裁決事項

一、關於津浦、膠濟兩路之修理孰先孰後案

決議：

劉次長面請主席決定。

二、關於 21D 及 205D 運輸案

決議：

運輸署負責 21D 由台灣至南通之運輸，海軍總部負責 205D
由廣州至台灣運輸。

三、補給及後方機關使用部隊代號頗感困難（如人事、
　　經理、報銷等），擬請酌予變通案

決議：

遵照總長陳指示，不作硬性規定，由使用機關酌量辦理。

第五十七次作戰會報紀錄

時　　間：三十六年八月十八日下午四時

地　　點：兵棋室

出席人員：林次長　　　劉次長　　　方次長　　　黃次長

　　　　　郭總司令　桂代總司令　　　　　林參謀長

　　　　　周參謀長（高代）　　趙參謀長　侯代廳長

　　　　　羅廳長　　楊代廳長　劉廳長　　楊高參

　　　　　郗署長　　許處長　　李處長（陳副處長代）

　　　　　林處長

主　　席：劉次長

紀　　錄：翁　　毅

裁決事項

一、平漢線南段囤積糧彈以備我追剿堵剿部隊使用，
　　及整理倉庫免為竄匪利用案

聯勤總部、第三廳商洽辦理。

二、平漢路搶修運輸案

除搶修及器材之準備可用主席名義令交通部加強外，聯
勤部並應加強軍運指揮。

三、膠濟、津浦兩路修理順序案

以均能修通為宜。

四、應即解圍焦作以便出煤案

第三廳研究抽兵解圍，分案呈核。

五、預想由長江運兵增強武漢案

聯勤部應研究能夠運輸約一師兵力之船隻之準備。

六、主席囑於鄲城控制汽車兵團，以備追剿堵剿部隊
　　使用案

目前因汽車缺乏，無法撥配，可否先調集一營，爾後依
需要並徵集地方車輛使用，第四廳簽核。

七、作戰與後勤連繫案

第四廳與聯勤總部可於每日上午一小時左右向三廳連絡
一次。

八、蘇京廣播共匪於佳木斯組府，應研究宣傳辦法以
　　利宣傳案

第二廳遵辦。

作戰會報紀錄分送表

1 總長陳
2 國防黃次長
3 劉次長
4 林次長
5 方次長
6 陸軍總部顧總司令
7 海軍總部桂代總司令
8 空軍總部周總司令
9 聯勤總部郭總司令
10 第二廳侯代廳長
11 第三廳羅廳長
12 第四廳楊代廳長
13 第五廳劉廳長
14 軍務局毛副局長
15 總長辦公室車副主任
16 第三廳第一處許處長
17 第三廳第二處李處長
18 第三廳第四科翁科長
19 附卷存查

第五十八次作戰會報紀錄

時　　間：三十六年八月二十五日十六時

地　　點：兵棋室

出席人員：劉次長　　　方次長　　　黃次長　　　郭總司令

　　　　　林參謀長　　周參謀長　　趙參謀長　　徐署長

　　　　　郗署長　　　侯代廳長　　羅廳長　　　楊代廳長

　　　　　劉廳長　　　楊高參　　　許處長　　　李處長

主　　席：劉次長

紀　　錄：高德昌

裁決事項

一、永年因劉伯誠匪部南竄，似已無形解圍，可否停
　　止空運案

決議：

第三廳再研究。

二、膠東作戰，海軍應如何使用案

決議：

海軍以封鎖海口，遮斷海上交通，截擊匪船為主，由海
軍總部與第三廳商擬計劃實施。

三、適應膠東作戰，該方面之補給基點基線應如何設
　　置案

決議：

聯勤總部與第三、四廳研究。

四、由滬轉運東北新兵似應假借正式番號以資欺騙匪
　　軍案

決議：

第二、三廳研究簽辦。

五、赴滬慰勞新兵團體有因發言不慎（如你們到東北去
　　如何），影響新兵心理，致生逃亡案

決議：

新聞局注意糾正。

六、嚴禁部隊強迫扣用兵站汽車，可否每車張貼佈告案

決議：

可。

七、鄭州、武漢工事應否修築，亟宜確定原則，以便
　　發款實施案

決議：

不必新建，可整修原有工事，酌發工款補助。

劉次長指示

一、東明以東迄海岸，沿黃河案各渡口，應各築一營
　　為標準之永久工事，以利守備，第三廳迅擬詳細
　　計劃呈核，並由聯勤總部工程署派員督導實施。

二、山東戰場除膠東外，已進入清剿階段，在此期間
　　關於交通通信工具器材以及特種兵之配屬事項，
　　亟宜重新檢討，以利爾後作戰，此事由第三廳召
　　集四、五兩廳及有關單位會商檢討。

三、濟南在不久將來即成為主要補給基地，關於膠濟
　　線與徐濟間之交通通信，亟宜設法修復利用，此

外對煙台要塞之攻略是否需要重砲及特種火器，
應一併檢討計劃。

四、由滬轉運東北新兵假借正式番號欺騙匪軍，此為
一謀略問題，第二廳對此應作合理之配合運用，
俾能以假亂真，此外關於情報網之佈置，應隨戰
況之推移適時調整，今後對黃河以北各要點應選
拔優秀人員進入，其次平漢鐵路北段及太行山區
亦應預為配置。

五、山東作戰之犒賞是否公平合理，第三廳列表檢討，
以備主席參考。

六、第三廳主稿會有關單位通令各級司令部嚴詢俘虜，
就戰略、戰術、後勤作有系統之審訊整理報告，
以供最高統帥部之參考。

七、對劉伯承匪部匪酋俘獲之懸賞，應擴大至豫皖邊
區及地方團隊，第三廳修正發令飭遵。

八、保持祕密與欺騙陽動，為作戰之重要手段，過去
魯中作戰已收良好效果，今後對膠東作戰更宜注
意，以免匪軍事先將物資破壞外運。

作戰會報紀錄分送表

１總長陳
２國防黃次長
３劉次長
４林次長
５方次長
６陸軍總部顧總司令
７海軍總部桂代總司令
８空軍總部周總司令
９聯勤總部郭總司令
１０第二廳侯代廳長

１１第三廳羅廳長
１２第四廳楊代廳長
１３第五廳劉廳長
１４軍務局毛副局長
１５總長辦公室車副主任
１６第三廳第一處許處長
１７第三廳第二處李處長
１８第三廳第四科翁科長
１９附卷存查

第五十九次作戰會報紀錄

時　　間：三十六年九月一日十六時

地　　點：兵棋室

出席人員：林次長　　方次長　　黃次長　　林參謀長

　　　　　周參謀長　趙參謀長　徐署長　　郗署長

　　　　　侯代廳長　羅廳長（王代）　　楊代廳長

　　　　　劉廳長　　李處長（陳代）

主　　席：林次長

紀　　錄：翁　毅

裁決事項

一、武漢行轅程主任請速發鄂保安隊補助費案

決議：

如保安部隊與國軍同一運動或作戰，發生給養上之困
難時，我兵站可暫代補給，爾後仍由該原隸之省府撥
還歸墊。

二、空軍總部報告關於空運擬請由國防部一個單位主
　　管會簽決定俾便遵行

決議：

遵照總長日前指示本部空運業務劃分規定辦理（即關於
作戰部署、兵力調動及戰場緊急之空運補給，由三廳辦
理，一般空運補給由四廳辦理）。

三、海軍總部報告前奉令派船運輸 205D 赴台，現又奉
　　令準備船艇登陸膠東作戰，因現可用登陸艇僅有五
　　艘，而任務難以同時施行，究應熟先熟後，乞示案

決議：

由三廳以電話告知廬山羅廳長，請轉報主席決定。

指示事項

一、空軍總部報告因空軍機槍用子彈缺乏，對不重要
　　方面作戰請勿令空軍參加，三廳研究，並與空軍
　　總部常保連繫辦理。

二、海軍總部將現有實力整理列表送部，並呈主席核
　　閱，以免在運用時期望過高，至所賦予任務達成
　　困難。

三、對西北方面補給，因隴海路西段被匪破壞，聯勤
　　總部應研究由重慶方面輸送及其他補救辦法。

四、美顧問團建議本部三、四、五廳之編制內應有若
　　干空軍軍官，以應業務上需要，五廳研究會一
　　廳，將員額、階級、職務等列請空軍總部酌辦。

作戰會報紀錄分送表

1 總長陳	11 第三廳羅廳長
2 國防黃次長	12 第四廳楊代廳長
3 劉次長	13 第五廳劉廳長
4 林次長	14 軍務局毛副局長
5 方次長	15 總長辦公室車副主任
6 陸軍總部顧總司令	16 第三廳第一處許處長
7 海軍總部桂代總司令	17 第三廳第二處李處長
8 空軍總部周總司令	18 第三廳第四科翁科長
9 聯勤總部郭總司令	19 附卷存查
10 第二廳侯代廳長	

第六十次作戰會報紀錄

時　　間：三十六年九月八日十五時

地　　點：兵棋室

出席人員：林次長　　　方次長　　　黃次長　　　林參謀長

　　　　　周參謀長　趙參謀長　徐署長　　　侯代廳長

　　　　　羅廳長（王代）　　　楊代廳長　劉廳長

　　　　　楊高參　　向副署長　曹處長　　陳副處長

主　　席：林次長

紀　　錄：翁　毅

裁決事項

一、臨汾整 30D 魯師長為顧慮該師冬服空運困難，請發
　　代金自製案

決議：

如當地購買布料、棉花無困難，似可照准，四廳與聯勤
總部研辦。

二、對永年是否停止空運案

決議：

本案第五十八次會報已有決議，第三廳查前案，會四廳
速辦。

指示事項

一、四廳報告，為保持主要運輸線路不致中斷，目前
　　對長江水運線與平漢鐵路（鄭漢段）陸運線至少須
　　保持一條之安全一事，三廳注意。

二、河南省民政廳長頃來部面稱，奉劉主席派來京向
　　本部陳述意見兩點，並請指示：

　　（1）本省奉部令抽調精銳保安團六千餘人編為
　　　　　206B 調往東北，因此爾後本省地方自衛武力
　　　　　大減，對清剿共匪與治安維護大感困難，可
　　　　　否免調。

　　（2）又奉令凡共匪竄擾或接近匪區地方，應將物
　　　　　資糧食集中重要村寨，由地方武力固守，以
　　　　　實行空室清野，制匪流竄，此舉在實施上因
　　　　　地方武力薄弱，唯以固守，因此反使原分散
　　　　　之物資食糧集中一地，為匪攻擊掠奪之對象，
　　　　　實以資匪，似有改變辦法之必要。

　　上述（1）項五廳主辦，會三、四廳，（2）項四廳
　　與民事局研究簽核。

作戰會報紀錄分送表

１總長陳　　　　　　　　１１第三廳羅廳長
２國防黃次長　　　　　　１２第四廳楊代廳長
３劉次長　　　　　　　　１３第五廳劉廳長
４林次長　　　　　　　　１４軍務局毛副局長
５方次長　　　　　　　　１５總長辦公室車副主任
６陸軍總部顧總司令　　　１６第三廳第一處許處長
７海軍總部桂代總司令　　１７第三廳第二處李處長
８空軍總部周總司令　　　１８第三廳第四科翁科長
９聯勤總部郭總司令　　　１９附卷存查
１０第二廳侯代廳長

第六十一次作戰會報紀錄

時　　間：三十六年九月十五日十五時

地　　點：兵棋室

出席人員：林次長　　劉次長　　方次長　　黃次長

　　　　　郭總司令　林參謀長　周參謀長　趙參謀長

　　　　　徐署長　　郗署長　　侯代廳長（林代）

　　　　　羅廳長　　楊代廳長（洪代）　　劉廳長

　　　　　楊高參　　高副處長

主　　席：林次長

紀　　錄：翁　毅

裁決事項

一、被俘逃回將官（或重要部隊長）似可交由中訓團處理。

二、被俘逃回官兵及匪軍俘虜與投誠者，應有專管機構辦理，不可任其零散，既不甄核感化，使消納利用，將反成累贅，遺留後患。

決議：

以上五、二廳會有關單位速研擬具體辦法呈核。

三、郭總司令報告：

1. 保安部隊發給武器案，現已發出步槍七萬枝，因目前兵工生產量有限，以後如再發給，請國防部嚴加考慮。

2. 保安部隊發給糧餉問題，亦須有通盤計算，否則本部將難以負擔。

3. 為顧慮兵工廠及倉庫之安全，免被共匪或土匪所乘，實有加強警衛兵力之必要。

4. 前為適應剿匪作戰，曾在第一線多處據點屯積必要彈藥（如新泰、萊蕪、運城等處），現因狀況變遷，此類據點或不免有時放棄，為期勿遺留資匪，擬請轉飭各該地駐軍掩護運出，或請空軍總部儘可能代為運出，又以後對不重要據點擬不再屯儲糧彈。

5. 查青年軍各師多缺輜重部隊，如使用作戰時，請加注意。

決議：

以上各項希各主管單位注意辦理。

指示事項

甲、次長指示

一、對馬鴻逵、馬鴻賓、馬步芳等軍職名義與各該所屬部隊指揮等問題，似可不必強使統一，以由西北行轅分別指揮為妥，三廳會一、五廳研究。

二、四川新兵萬名運新疆補充案，因川兵軀幹矮小，似應考慮，四廳會兵役局研辦。

乙、次長劉指示

一、長江方面劉伯誠匪部應注意其在無為或武穴等處渡江南竄皖南或湘贛邊區老巢，除海軍應嚴加戒備外，在陸軍方面應研究將次要地點抽出若干控制部隊，以應狀況。

二、蘇北匪軍亦應注意其配合右述行動渡江南竄京滬線。

三、在南京方面應研究控制一、二團兵力機動。

四、對華北作戰應速檢討匪軍正在實行其所為空心戰
　　術，賀龍部又已證實參加陝北方面，以華北孫、
　　傅兩主任所轄兵力，應有積極之行動（如冀西匪根
　　據地阜平我軍應稱虛攻取），以粉碎匪之企圖。

五、整 11D 開往魯西參加作戰，應電飭酌予減輕裝
　　備，以期能行動迅速，捕殲匪軍。

　　以上各項三廳會有關單位研辦。

第六十二次作戰會報紀錄

時　　間：三十六年九月二十二日十五時

地　　點：兵棋室

出席人員：林次長　　劉次長　　方次長　　黃次長

　　　　　郭總司令　林參謀長　周參謀長　趙參謀長

　　　　　徐署長　　郗署長　　侯代廳長　羅廳長

　　　　　楊代廳長　劉廳長　　鄧局長　　楊高參

　　　　　許副廳長　曹處長

列席人員：張司令官（首都衛戍部）

主　　席：林次長

紀　　錄：翁　毅

裁決事項

一、整 5D 請速撥補新兵八千名案

決議：

可照准，四廳會兵役局辦理。

二、整 32D、70D 不撤銷番號案

九月廿二日上午官邸會報，主席已面准，五廳再請報主
席核示。

三、臨汾請求空運人數共八千人案

決議：

三廳再核實通知空軍總部辦理。

四、聯總行總撤銷後，其所移登陸艇擬請一部交本部
　　使用案

決議：

聯勤總部承辦，以本部名義會交通部報請行政院核示。

指示事項

次長劉指示

一、對鹵獲匪方文件，主席非常重視，新聞局應注意
　　研究，凡是以瓦解匪方軍心與鼓勵我軍民士氣有
　　價值資料，加以整理宣揚，並列舉鹵獲時間、地
　　點、有關人名等實證，以增加宣傳效力。

二、目前對皖南、蘇南等地區應研究儘可能抽集一部
　　兵力向匪掃蕩，使不致與皖北、蘇北匪呼應，圖
　　謀蠢動，以擾亂後方。

三、對膠東、煙台、蓬萊、龍口等地，我陸軍部隊正
　　力謀攻取，希海軍總部注意配合陸軍行動，並封
　　鎖海上匪方交通。

四、京滬衛戍兵力似嫌不足，63D 請補足之兵員，四
　　廳會兵役局速予撥補充實。

五、張司令官所報告各項，希各主管單位研究辦理。

　　附張司令官報告大要：

　　1. 本部江蕪警備區（轄江寧、蕪湖、當塗、高淳四
　　　　縣），兵力共只七個營，且多係特種兵部隊，兵
　　　　力實感單薄，最近劉伯承匪軍竄皖，國防部令
　　　　以 25R ／ 46D 配屬 63D，但該團亦僅五個連，
　　　　而該師防區已由蕪湖延伸至大通，合原任由蕪

湖至大勝間江防共有 150 公里之長，故對 63D
所任防區絕難再予擴展。

2. 63D 駐開封機場之一營（原 153B 殘部）及該師
186B 配屬傘兵總隊之兩個迫擊砲連，林師長請
求速予歸建。

3. 憲兵 23R 原駐蕪湖訓練後，依狀況令歸林師長
指揮，擔任城防，俾林師長抽出該師部隊任江
防，因此該團不能再調他方。

4. 63D 之 153B 殘部，現僅收容編成一個營，請國
防部速賜撥新兵補充。

5. 蘇北匪靖江獨立團據報有南渡竄擾企圖，前奉
國防部令以 202D 一個營配屬江陰要塞，增強江
防，現聞 202D 有抽回之意，擬請飭暫不抽調。

6. 蘇浙皖邊區遼闊，本部特務旅（六個連）全部
調赴該區，擬請轉令衢州綏署及皖省府積極加
強清剿，勿令黃山股匪復活。

7. 本部第三期綏靖計劃報准國防部備案，所需經
費迄未領獲，因此未能澈底執行，請速賜發下。

附記

更正事項

六十一次作戰會報紀錄裁決事項第三項第一條更正如左：
「1. 保安部隊所需武器曾奉命飭撥發步槍七萬餘枝，因
目前兵工生產量有限，對此項武器發給殊有困難，擬請
國防部對此類請求嚴加考慮。」

作戰會報紀錄分送表

1 總長陳　　　　　　　1 1 第三廳羅廳長
2 國防黃次長　　　　　1 2 第四廳楊代廳長
3 劉次長　　　　　　　1 3 第五廳劉廳長
4 林次長　　　　　　　1 4 軍務局毛副局長
5 方次長　　　　　　　1 5 總長辦公室車副主任
6 陸軍總部顧總司令　　1 6 第三廳第一處許兼處長
7 海軍總部桂代總司令　1 7 第三廳第二處曹處長
8 空軍總部周總司令　　1 8 第三廳第四科翁科長
9 聯勤總部郭總司令　　1 9 附卷存查
1 0 第二廳侯代廳長　　2 0 新聞局鄧局長

第六十三次作戰會報紀錄

時　　間：三十六年九月二十九日十五時
地　　點：缺
出席人員：缺
主　　席：林次長
紀　　錄：缺

裁決事項

一、兵員補充數字由本部何廳負責統計，送兵役局辦
　　理案

決議：

由第三廳根據戰報於每週統計一次列送，如係重大戰
役，我軍傷亡較大時，則於接到部隊報告時即列送。

二、關於統一辦理對部隊兵員、武器、裝具、被服等補
　　充，請規定由有關單位派員每週開一特別會議，以
　　期迅速，並免分歧案

決議：

查屬必要，惟不必另規定特別會議，可於參謀會報中舉
行，但應將：（一）參謀會報方式改良，（二）改為每週
舉行一次，由辦公室擬辦呈核。

三、永年守軍請求投送一星期用糧食，並在城週圍向
　　匪軍轟炸，以便突圍案

決議：

可酌投三日糧食，並派轟炸機接引突圍，三廳與海軍總
部研辦。

四、整 8D 請求開闢龍口為補給港，以便該師補給線改
　　由海上實施案

決議：

四廳會海軍總部、聯勤總部研辦。

五、陝北綏德機場是否建築案

決議：

四廳再電詢胡主任構築目的、起落機種、構築計劃預
算，與空軍總部研究辦理。

六、對發給部隊火箭筒利少害多案

決議：

匪軍大部係流竄性質，甚少固守據點，火箭筒實可不發
（已發者收回），四廳會三廳研辦。

指示事項

次長劉指示

一、目前匪軍戰力與數量似均較前增大，竄擾亦較前
　　為廣，檢討其原因：一、由於我軍過去在蘇北、
　　魯中、魯西及東北等地失利太多，武器損耗甚鉅，
　　二、由於匪軍士氣旺盛，吾人應覺悟現剿匪戰事已
　　頻重要關頭，如何改正缺點，充實戰力，在本部及
　　政府當局均須深加改善考慮，不容忽視。

二、匪軍陳毅、劉伯誠、陳賡三大股渡黃河後，其將來
　　行動可東可西，亦可再南進，實施其所謂「空心戰
　　術」，如果我軍能緊追，分別將其大部殲滅，使無
　　法建立根據地，播散其赤化種子，則在我軍為成
　　功而匪必失敗，反之處處不能將匪肅清，使其留

下禍根，則對黃河以南我大軍被其牽制，而黃河以
北之匪得以從容整補，增長新生力量，則為匪空心
戰術之成功，我軍將會遭遇更大之困難，尤以東
北情勢為可慮。
三、基於右述兩項，各單位應詳為檢討，預作應付未
來狀況之打算。

第六十四次作戰會報紀錄

時　　間：三十六年十月六日十五時

地　　點：兵棋室

出席人員：林次長　　　劉次長　　　方次長　　　黃次長

　　　　　郭總司令　林參謀長　周參謀長　趙參謀長

　　　　　徐署長　　　郗署長　　　侯代廳長

　　　　　羅廳長（許代）　　　　楊代廳長　劉廳長

　　　　　鄧局長　　楊高參

列席人員：張司令官鎮

主　　席：缺

紀　　錄：缺

裁決事項

一、海軍總部提請調整長江江防及人事案

決議：

可照辦，希將計劃部署擬具具體方案報核。

二、資源委員會西安存油擬請由本部照官價收購案

決議：

先與資委會洽妥後簽呈部長核示。

三、本部所需外匯（包括陸海空聯勤各部所必需者）如
　　何辦理案

決議：

各單位報由部長辦公室召集小組會議，再呈部長於行政
會議提出。

指示事項

次長劉指示

一、二廳審問俘匪所獲資料，除研究利用外，應供給
　　新聞局作宣傳。

二、二廳情報蒐集不僅限於一線匪之動態，應向匪後
　　方蒐集，特須注意其黨政及兵工設施、人員、物
　　資補充等資料，並希將匪軍自本年五月以來迄目
　　前十月攻勢時，其兵力序列作一總檢討修正調整
　　新表，以供研究判斷。

三、俘匪口供中對我軍缺點（如不研究匪戰法、話報機
　　洩漏機密等），除主席曾指示通令各部隊外，並
　　請新聞局注意如何將此類事項貫澈，及於各級指
　　揮官、保密局方面研擬如何實施保密，以期確實
　　做到。

四、山東半島威海衛、煙台、蓬萊、龍口等地收復
　　後，應編成守備隊駐守，此等守備隊以不用完整
　　之有力國軍建制部隊擔任為原則，或利用地方團
　　隊加以充實，或將已殘破之國軍部隊置於該地整
　　備，以擔任上述任務，使國軍有力部隊抽調他方
　　應用，由五廳會同三廳研辦。

五、整 64D 此次在三戶山大小河（平度西南）地區受
　　優勢匪圍攻一週，堅立不拔，戰績優異，應簽請
　　嘉獎，三廳辦理。

六、張司令官鎮所報告各項，應即擬案報部，三廳俟
　　收到文後核簽。

作戰會報紀錄分送表

1 總長陳
2 國防黃次長
3 劉次長
4 林次長
5 方次長
6 陸軍總部顧總司令
7 海軍總部桂代總司令
8 空軍總部周總司令
9 聯勤總部趙參謀長
10 第二廳侯代廳長
11 第三廳羅廳長
12 第四廳楊代廳長
13 第五廳劉廳長
14 軍務局毛副局長
15 總長辦公室車副主任
16 第三廳第一處許兼處長
17 第三廳第二處曹處長
18 第三廳第四科翁科長
19 附卷存查

第六十五次作戰會報紀錄

時　　間：三十六年十月十三日十五時

地　　點：兵棋室

出席人員：劉次長　　方次長　　黃次長　　郭總司令

　　　　　林參謀長　周參謀長（冉代）　趙參謀長

　　　　　徐署長　　侯代廳長　羅廳長　　楊代廳長

　　　　　劉廳長　　鄧局長　　楊高參　　許副廳長

　　　　　曹處長

列席人員：張司令官鎮

主　　席：劉次長

紀　　錄：翁　毅

裁決事項

一、空投補給品每易破散或落於匪區中，此與包裝及
　　投下技術均有關係，應由空軍總部與聯勤總部派
　　員會同研究解決。

二、劉公島上難民請救濟案

決議：

應由新聞局會同民事局請社會部及行總辦理。

三、臨汾、運城守軍所需冬服空運案

決議：

聯勤總部與空軍總會商，儘可能予以運送，如不能空
運，應另設法解決。

指示事項

次長劉指示

一、對彈藥消耗量過大，補充困難對策，除開源外，應看重節用，由本部下一嚴格訓令禁止浪費，及部隊後方囤積彈藥，同時檢查部隊所報彈藥消耗量是否與戰況相符，其有不合理之情形者，應加懲處，四廳與聯勤總部研辦。

二、整 64D 此次在三戶山范家集戰績卓著，但傷亡亦重，應速撥粵籍新兵補充，四廳會兵役局辦理。

三、長江江防佈置須注意匪軍化裝零星偷渡，海軍總部會三廳研究辦法實施。

四、山東半島各港口應先編成守備隊駐守，並著眼於將來國防上要塞之構築設備如何，派員實地調查或飭現在駐軍查報，五、三廳會有關單位擬辦。

五、145B／21D 已全部開抵浦口，應派員校閱以提高其士氣並致慰勞之意，同時詳查其戰力以作運用之參考，對校閱事，請陸軍總部主持，本部有關單位派員參加。

六、主席屢次指示我軍所鹵獲匪方物資，應嚴令部隊詳報，並說明凡部隊鹵獲品可供其自身補充者，准予留用，其不需要者，應飭繳部，如此可以察知匪軍實力消耗情形，以供全般作戰指導應上之參考，同時可供宣傳之資料（並請新聞局飭令在部隊政工人員將上述資料查報），聯勤總部與新聞局擬辦。

七、主席曾指示凡戰力較差之部隊或指揮拙劣之指揮

官，應分別編併或撤換，其戰力堅強、戰績優良
之部隊可使擴充（並非將部隊本身擴大，係將戰力
較差之部隊編入其指揮系統中，而將其指揮官升
級，如此可以振衰起敝，發生領導作用），但辦
理時應注意各種關係與時機，毋使部隊發生不公
平與歧視心理，三、五廳會同研究調整方案，呈
林次長、方次長核定後轉報主席核示。

八、修築大別山區交通以利剿匪，確有必要，應會同
安徽省府暨交通部辦理，四廳主辦，會第三廳。

作戰會報紀錄分送表

1 總長陳	1 1 第三廳羅廳長
2 國防黃次長	1 2 第四廳楊代廳長
3 劉次長	1 3 第五廳劉廳長
4 林次長	1 4 軍務局毛副局長
5 方次長	1 5 總長辦公室車副主任
6 陸軍總部顧總司令	1 6 第三廳第一處許兼處長
7 海軍總部桂代總司令	1 7 第三廳第二處曹處長
8 空軍總部周總司令	1 8 第三廳第四科翁科長
9 聯勤總部趙參謀長	1 9 附卷存查
1 0 第二廳侯代廳長	

第六十六次作戰會報紀錄

時　　間：三十六年十月二十日十五時
地　　點：兵棋室
出席人員：林次長　　　劉次長　　　方次長　　　黃次長
　　　　　郭總司令　　林參謀長　　周參謀長　　趙參謀長
　　　　　徐署長　　　侯代廳長（張代）
　　　　　羅廳長（許代）　　　　楊代廳長　　劉廳長
　　　　　鄧局長（李代）　　　　楊高參
列席人員：張司令官鎮
主　　席：林次長
紀　　錄：翁　毅

裁決事項

一、聯勤總部雇用民航機降落機場手續案
決議：
由聯勤總部通知空軍總部轉令空軍各軍區司令部隨時予
以便利。

二、長江江防調整部署及嚴防匪軍偷渡案
決議：
可如周參謀長所報告：（一）應有統一指揮江防艦艇之
機構，（二）在高郵、興化剿匪之砲艇可依狀況調若干
艘增防長江，（三）陸上派出瞭望哨（警戒斥候）與水
上艦艇密取連絡。以上由海軍總部擬定，會三廳呈核。

指示事項

陳毅匪部第四縱隊因我 5D 已開抵民權附近，可能改由
商邱以東地區越鐵路南竄，三廳注意。

作戰會報紀錄分送表

1 總長陳
2 國防黃次長
3 劉次長
4 林次長
5 方次長
6 陸軍總部顧總司令
7 海軍總部桂代總司令
8 空軍總部周總司令
9 聯勤總部趙參謀長
10 第二廳侯代廳長

11 第三廳羅廳長
12 第四廳楊代廳長
13 第五廳劉廳長
14 軍務局毛副局長
15 總長辦公室車副主任
16 本部新聞局鄧局長
17 首都衛戍司令部張司令
18 第三廳第一處許兼處長
19 第三廳第二處曹處長
20 第三廳第四科翁科長
21 附卷存查

第六十七次作戰會報紀錄

時　　間：三十六年十月二十七日十五時

地　　點：兵棋室

出席人員：林次長　　劉次長　　方次長　　秦次長

　　　　　郭總司令　林參謀長　周參謀長　趙參謀長

　　　　　徐署長　　侯代廳長　羅廳長（曹代）

　　　　　楊代廳長（洪代）　　劉廳長　　鄧局長

　　　　　楊高參

列席人員：張司令官鎮

主　　席：林次長

紀　　錄：翁　毅

指示事項

次長劉指示

一、對目前剿匪實況，吾人應切實檢討，不可再諱疾忌
　　醫，一任匪繼續發展，蓋匪軍在戰術上頗能發揮游
　　擊戰之妙用，同時政工配合適切，到處破壞我地方
　　行政組織，而建立其赤化組織，如我軍仍如過去軍
　　政分離，行動遲緩，情報不靈，追既不及，守亦不
　　固，協同不週，彈藥浪費，致兵員械彈之補充不能
　　抵消耗之量，復因政治工作配合不上，無知民眾不
　　獨不為我用，反資匪之發展，則剿匪前途實屬未可
　　樂觀。在政治方面。固望於政府當局之改變作風，
　　大加刷新，而對軍隊本質上之必需改進，實為本部
　　之職責，希各同仁彈精竭慮，妥擬能實行有效之方

案，迅速實施，蔚成新風氣，以開勝利之基。

二、下月初主席將召開對大別山剿匪軍事會議，各有關
單位儘量提出各項缺點，如人事、情報、作戰、補
給、交通通信、政工、軍風紀、組訓民眾等改進方
案，以供會議上商討而決定實施辦法。

三、主席交下手令數件，茲宣讀，大家聽聽（略），並
希各主管單位研究擬具體實施辦法，但應注意不
可徒涉理想，須在目前部隊在作戰狀況下可能實
行者。

四、郭總司令所提各項，請與空軍總部及本部四廳暨
有關單位研究，設法解決。

作戰會報紀錄分送表

1 總長陳

2 國防黃次長

3 劉次長

4 林次長

5 方次長

6 陸軍總部顧總司令

7 海軍總部桂代總司令

8 空軍總部周總司令

9 聯勤總部趙參謀長

10 第二廳侯代廳長

11 第三廳羅廳長

12 第四廳楊代廳長

13 第五廳劉廳長

14 軍務局毛副局長

15 總長辦公室車副主任

16 本部新聞局鄧局長

17 首都衛戍司令部張司令

18 第三廳第一處許兼處長

19 第三廳第二處曹處長

20 第三廳第四科翁科長

21 附卷存查

第六十八次作戰會報紀錄

時　　間：三十六年十一月十日十五時
地　　點：兵棋室
出席人員：林次長　　方次長　　黃次長　　林參謀長
　　　　　桂代總司令　　　　周參謀長　徐署長
　　　　　郭總司令　趙參謀長　郗署長　　鄭處長
　　　　　侯代廳長　羅廳長　　許副廳長　楊代廳長
　　　　　劉廳長　　楊高參
列席人員：鄧局長　　傅署長仲芬
主　　席：次長林
紀　　錄：周善化

裁決事項

一、如何劃分國軍及省保安團隊之職責以利剿匪案

決議：

（一）各省原有小股之土匪、土共，由省保安團及地方
　　　自衛隊負責清剿。

（二）對大股流竄匪軍，由國軍負責追剿。

二、大別山方面之作戰，關於陸空聯絡電台應如何調
　　配案

決議：

三廳會同空軍總部擬定呈核。

三、南陵至青楊之有線電信應如何迅速修復案

決議：

（一）指定某部隊負責限期修復。

（二）本部應派員督導，四廳會同有關單位速辦。

四、使用於大別山方面之工兵部隊原定為四個團，刻有
　　三個團因交通關係不克及時參戰，應如何加派案

決議：

南京現有兩個工兵營，可先抽一個營，陸總部與聯勤總
部洽辦。

五、六五、七七兩種步槍彈極感缺乏，應如何補充案

決議：

電商團長震即向麥克阿瑟總部洽購，四廳速辦。

六、擬請糧食部長出席省主席會議，以便迅速解決軍
　　糧問題案

決議：

由新聞局通知。

指示事項

省主席會議即將舉行，各單位所擬提案應積極妥為
準備。

作戰會報紀錄分送表

1 總長陳　　　　　　11 第三廳羅廳長
2 國防黃次長　　　　12 第四廳楊代廳長
3 劉次長　　　　　　13 第五廳劉廳長
4 林次長　　　　　　14 軍務局毛副局長
5 方次長　　　　　　15 總長辦公室車副主任
6 陸軍總部顧總司令　16 本部新聞局鄧局長
7 海軍總部桂代總司令 17 首都衛戌司令部張司令
8 空軍總部周總司令　18 第三廳第一處許兼處長
9 聯勤總部趙參謀長　19 第三廳第二處曹處長
10 第二廳侯代廳長　　20 第三廳第四科翁科長
　　　　　　　　　　21 附卷存查

第六十九次作戰會報紀錄

時　　間：三十六年十一月十七日十五時

地　　點：兵棋室

出席人員：林次長　　方次長　　秦次長　　林參謀長

　　　　　桂代總司令　　　　　周參謀長　周總司令

　　　　　郭總司令　趙參謀長　侯代廳長　羅廳長

　　　　　楊代廳長　劉廳長　　楊高參

列席人員：鄧局長　　郗署長

主　　席：次長林

紀　　錄：周善化

裁決事項

一、使用於大別山方面之工兵部隊原定為四個團，刻以
　　交通關係不克及時參戰，應如何辦理案

決議：

（1）南京現有兩個工兵營，可先抽一個營，上次作戰
　　　會報經以決定。

（2）刻在京待運東北之一個築路工兵營暫轉用於大別
　　　山區，俟該方面戰事告一段落，或預定使用之四
　　　個工兵團到達戰場時，該營即開東北，但應電告
　　　總長，四廳即辦。

二、津浦、隴海兩線被匪破壞之處應如何迅速修復，
　　以利作戰案

決議：

四廳會同交通部速辦。

三、88D、T24D 作戰損失甚大，應如何提前予以補充，
  以便迅速恢復戰力案

決議：

武器器材補充部份，四廳速辦，兵員補充部份由三廳通知兵
役局速辦。

四、每一重要鐵路線應否設置護路機構，確保交通，
  以利作戰案

決議：

三、五兩廳會擬呈核。

五、關於匪軍各種戰術技術之對策，應於後方詳加研
  究，並調用前方對剿匪戰術技術有所發明之官兵
  參加此種研究之工作，將所獲之對策於戰場上
  一一加以試驗，以觀其效果之有無及大小，爾後
  將最有效者通飭國軍遵照實施，此種不斷於戰鬥中
  從事學習，於學習中加強戰鬥之辦法，確極有效，
  但目下可否實施，如何實施，敬請裁決案

決議：

目下可以實施，至如何實施，五廳會同有關單位擬案呈核。

六、七七、六五兩種步槍彈極感缺乏，除已電商團長
  震洽購外，尚應如何迅速補充案

決議：

請海空軍兩總部查明庫存有無此種槍彈，如有即通知聯勤總
部洽辦。

七、威海衛應如何確保，長山島應如何佔領案

決議：

三廳研辦。

指示事項

一、奉主席面諭，國防部應積極研究左列五事，以利
　　剿匪：

　　（1）活動堡壘之用法。

　　（2）裝甲汽艇之用法。

　　（3）地雷之用法，尤須大量造雷。

　　（4）裝甲列車之用法，並查明現有多少裝甲列
　　　　　車、駐地及任務等等。

　　（5）催淚彈之用法，並須大量製造。

　　等因，關於上述五項應速將研究之具體方案呈報。

　　主席茲將承辦單位規定如左：

　　（1）活動堡壘：第四廳會同第三廳、陸軍總部、
　　　　　聯勤總部辦。

　　（2）裝甲汽艇：第三廳會第五廳、陸軍、聯勤、
　　　　　海軍各總部辦。

　　（3）地雷：第三廳會同陸軍總部、聯勤總部辦。

　　（4）裝甲列車：第三廳會聯勤總部辦。

　　（5）催淚彈：三廳會聯勤總部辦。

二、又奉諭本部以防止匪之力量與其行動之目的，關
　　於我戰術技術、裝備之改良與運用，應專設一研
　　究組，其組織由第五廳會有關單位另行擬定。

三、傅署長仲芬友仍留原任之議，聯勤總部如有意見
　　可簽請主席核示。

四、新聞局即將舉行新聞工作檢討大會，各單位如有
　　提案可先交新聞局彙辦。

五、主席欲組織一官邸作戰會報，本人擬將本部每週

舉行之作戰會報以後移於主席官邸舉行，由第三
廳將會報人員與日期、時間，先行簽請主席核示，
再行決定。

作戰會報紀錄分送表

１總長陳
２國防黃次長
３劉次長
４林次長
５方次長
６陸軍總部顧總司令
７海軍總部桂代總司令
８空軍總部周總司令
９聯勤總部趙參謀長
１０第二廳侯代廳長

１１第三廳羅廳長
１２第四廳楊代廳長
１３第五廳劉廳長
１４軍務局毛副局長
１５總長辦公室車副主任
１６本部新聞局鄧局長
１７首都衛戍司令部張司令
１８第三廳第一處許兼處長
１９第三廳第二處曹處長
２０第三廳第四科翁科長
２１附卷存查

第七十次作戰會報紀錄

時　　間：三十六年十一月二十四日十五時

地　　點：兵棋室

出席人員：林次長　　　劉次長　　　方次長　　　秦次長

　　　　　林參謀長　　周參謀長　　林處長　　　徐署長

　　　　　趙參謀長　　郗署長　　　羅廳長　　　楊代廳長

　　　　　閻副處長　　楊高參

列席人員：鄧局長

主　　席：林次長

紀　　錄：周善化

裁決事項

一、安陽守軍所需武器如何運入該處，三千壯丁如何運
　　出，三廳研辦。（四廳提）

二、西沙群島之國軍需糧孔急，因天候關係，無法船
　　運，可由海軍總部迺向空軍總部洽請空投。（海軍
　　總部提）

三、輸送部隊可先令轉用部隊電告呈覆集中待運地之
　　確期，爾後下令調集車船，以求節省輸力，三廳
　　參考。（聯勤總部提）

四、五師之九六旅近於民權、內黃、柳河一帶，為求機
　　動容易，拒不下車，以致機車及貨車損失不少，三
　　廳應查明責任，分別議處，並通令國軍嗣後控置
　　於鐵道附近之機動部隊，非有特別規定，不得先
　　行上車，並與路局切取聯絡為要。（聯勤總部提）

五、武漢行轅第四處隨意扣船，影響長江軍運、民運
　　至大，應電該行轅對於聯勤總部負有軍運任務之
　　船舶不得擅扣，並須訂立船舶徵用辦法，通令實
　　施，四廳速辦。（聯勤總部提）

六、北平、武漢兩行轅，對於兩處之機場警衛相當疏
　　忽，應飭嚴加戒備，以杜奸宄，三廳即辦。（空軍
　　總部提）

指示事項

一、馬鴻逵部經已回師，應即修正榆林方面之空運計
　　劃，尤須以陸運為主，而策定之，四廳會聯勤總
　　部速辦。

二、活動堡壘最輕一噸，最重七噸有奇，運動困難，三
　　廳應將該兵器於戰術上之使用意見，迅交四廳，
　　以便加以改良，並決定其生產量。

三、台灣方面，海軍總部尚有六五、七七兩種步槍彈
　　若干，聯勤總部可逕向該部洽撥。

作戰會報紀錄分送表

１總長陳
２國防黃次長
３劉次長
４林次長
５方次長
６陸軍總部顧總司令
７海軍總部桂代總司令
８空軍總部周總司令
９聯勤總部趙參謀長
１０第二廳侯代廳長

１１第三廳羅廳長
１２第四廳楊代廳長
１３第五廳劉廳長
１４軍務局毛副局長
１５總長辦公室車副主任
１６本部新聞局鄧局長
１７首都衛戍司令部張司令
１８第三廳第一處許兼處長
１９第三廳第二處曹處長
２０第三廳第四科翁科長
２１附卷存查

第七十一次作戰會報紀錄

時　　間：三十六年十二月一日十五時

地　　點：兵棋室

出席人員：次長劉　　　次長方　　　次長秦　　　林參謀長

　　　　　周參謀長　　徐署長　　　郭總司令　　趙參謀長

　　　　　郗署長　　　林處長　　　羅廳長　　　陳處長

　　　　　洪副廳長　　彭主任　　　楊高參

列席人員：鄧局長　　　張司令官

主　　席：次長劉

紀　　錄：周善化

裁決事項

一、主席甚注意利用海運機動作戰，海軍總部應速蒐集
　　沿海口岸之兵要資料，通報有關單位。（三廳提）

二、蘇北匪軍近已蠢動，除張雪中部南下策應，145B
　　即日歸建外，特須注意下列二事：（1）三廳應令
　　第一綏區迅速集中沿江沿海之小部隊扼要堵剿，
　　免為各個擊破，（2）海軍總部及首都衛戍司令部
　　應特別注意江陰至靖江之江防，並將部署從速報
　　核。（三廳提）

三、聯勤總部郗署長所稱，胡主任電請該部將 203D 由
　　川開出之部隊全部運赴安康一節，目下陝南情況緩
　　和，已無必要，仍應以 1(R) 進駐安康，其餘控制
　　漢中，三廳速電胡主任遵照。（三廳提）

四、暫二旅可免運安康。（三廳提）

五、榆林方面之補給，除最近十五天仍照原計劃實施外，爾後應以陸運為主，聯勤總部速作準備。（聯勤總部提）

六、全國各部隊所有車輛之狀況，應即查明，並先從華北方面開始，四廳速會聯勤總部辦理具報。（聯勤總部提）

七、關於國軍爾後械彈之補給，除主席特別指示外，四廳應先會聯勤總部辦理。（聯勤總部提）

八、組織南京民眾自衛隊之命令，應由國防部抑由內政部下達，新聞局研辦。（新聞局提）

九、主席專機特須嚴加警衛，至其衛兵守則，空軍總部會衛戌司令部速辦。（空軍總部提）

十、海陽方面之五艘輪船可抽出三艘，即開石臼所，將83D之19B（刻駐日照）轉運青島，如海陽部隊能迅速上船運出，則先運海陽部隊再運日照部隊，三廳及聯勤總部速辦。（聯勤總部及三廳提）。

指示事項

一、空軍總部對於重要方面之空軍戰報，及其所得之情報，除通報協同之友軍外，亦須適時通報三廳。

二、軍隊政治工作應直接與民眾發生良好之關係，方有價值，新聞局速擬辦法呈核。

三、海軍總部能否派遣戰艦進至金口附近，協力該處附近之陸軍作戰，速擬呈核。

四、膠東國軍不斷求援，而空軍報稱並無大戰鬥，該方面以198B、57B、76B三旅之眾，對橋頭附近匪

軍二、七、九，三個縱隊之殘部，且有空軍協力，應無問題。至海陽方面，以 54D 五個團之兵力，對匪之 13CD，似可採取積極行動，三廳應速發令范兵團主動攻擊匪軍，俟予以澈底之打擊後，再令 76B 歸建。

五、毛澤東及奸匪各廣播電台之位置，二廳速查具報。

六、護路組織應速建立，以維交通，三廳即會四廳、五廳、新聞局、民事局及其他有關單位速辦。

作戰會報紀錄分送表

1 總長陳
2 國防黃次長
3 劉次長
4 林次長
5 方次長
6 陸軍總部顧總司令
7 海軍總部桂代總司令
8 空軍總部周總司令
9 聯勤總部趙參謀長
10 第二廳侯代廳長
11 第三廳羅廳長
12 第四廳楊代廳長
13 第五廳劉廳長
14 軍務局毛副局長
15 總長辦公室車副主任
16 本部新聞局鄧局長
17 首都衛戍司令部張司令
18 第三廳第一處許兼處長
19 第三廳第二處曹處長
20 第三廳第四科翁科長
21 附卷存查

第七十二次作戰會報紀錄

時　　間：三十六年十二月八日十五時

地　　點：兵棋室

出席人員：主席蔣　林次長　劉次長

　　　　　方次長　秦次長　鄭次長

　　　　　林參謀長柏森　周總司令至柔

　　　　　海軍總部宋代署長鍔

　　　　　王副總司令叔銘　郭總司令懺

　　　　　趙參謀長桂森　於廳長達

　　　　　羅廳長澤闉　許副廳長朗軒

　　　　　楊代廳長業孔　劉廳長雲瀚

　　　　　鄧局長文儀　徐局長思平

　　　　　毛副局長景彪　張兼司令鎮

　　　　　郗署長恩綏　楊署長繼曾

　　　　　林處長秀樂　陳處長達

　　　　　曹處長永湘　陳處長家釋

　　　　　高副處長德昌

主　　席：主席蔣

紀　　錄：周善化

裁決事項

一、組訓南京民眾自衛隊之命令，由三廳通知民事局
　　承辦電令，飭衛戍司令部遵辦。

二、匪軍俘虜釋放時機，新聞局研擬呈核。

三、陝西、鄂北方面正修或待修之重要公路，應積極

興工，並由四廳會同有關單位派員督導。

四、萊陽刻存彈藥若干，四廳速電范副總司令查報。

五、濰縣所存美械彈藥應即運儲青島，四廳即辦。

六、全國現有美械彈藥數量，聯勤總部從速查報。

七、老河口之飛機場應具有降落 C46 運輸機之性能，
空軍總部速辦。

指示事項

一、安康應有一個後備旅，不論三團或兩團均可，由三
廳即電胡主任遵辦。

二、第五兵團司令官李鐵軍遇事請求，殊有未盡司令
官之職責，應予申誡，三廳即辦。

三、整五十四軍軍長闕漢騫率五團之眾在海陽方面竟
被困於匪軍之 13CD，無所作為，應予革職留任，
以觀後效，三廳簽辦。

四、第一綏區司令官李默庵坐視李堡失守不救，淮海
綏區司令官張雪中不能迅速南下馳援，陷友軍於不
利，應各記大過一次，三廳簽辦。

五、國防部對各部隊之功過得失，應以最迅速之方法，
分別予以檢討獎懲，並使全體國軍知其所受責罰
之原因，藉以廉頑立懦，振作士氣。

六、應通令國軍各部隊每日均須自動搜剿，並擴大控
制區域，不斷有消滅匪軍，即因補給關係，亦不
得於一地停留三天以上，三廳即辦。

七、漢口至老河口方面，聯勤總部應作汽車輸送部隊
之準備。

八、徐袞綏區及第二綏區應各派一部掃蕩南麻、魯村、
　　大張莊間之殘匪，三廳即辦。

九、會報中決定事項，於下次會報時承辦單位須將整理
　　情形提出報告。

十、令知東北行轅於本年十二月十五日至明年三月十
　　五日之時期內，應完成其整補訓之三大工作，並即
　　擬詳細計劃呈核，又國防部於同一時期內，應如
　　何使全國陸海空軍於整補訓三方面達到預期之程
　　度，並應釐定縝密計劃頒佈實施，五廳即會有關
　　單位速辦。

十一、應於洛陽、漢口、南京、北平等地區各完成一次
　　　訓練六個步兵團之準備，如各種設施籌備不及，
　　　可先以一旅或一團為集訓單位，在該區內分置訓
　　　練，五廳會陸軍總部速辦。

十二、電令戰地視察組特別注意各部隊之衛生隊、擔
　　　架隊是否使用於前方之救護工作，四廳即辦。

十三、國軍不克普遍迅速增強戰力之原因，有左述各點：
　　　1. 師旅團長缺乏旺盛之企圖心。
　　　2. 不知作戰即訓練、訓練即作戰之道理，尤其
　　　　 不知隨時利用機會教育之重要。
　　　3. 各即部隊長不知運用組織、運用幕僚，致對
　　　　 傷病救護、糧彈補給、密探派遣、政工宣撫
　　　　 等毫無計劃及指示。
　　　以上應即通飭國軍力求改進，三廳速辦。

十四、一年來剿匪得失之檢討，著第三廳速辦。

十五、明年度之剿匪計劃，應先訂三個月剿匪方案，

必須恢復各重要目標，六月前完成關內掃蕩，
著第三廳速擬計劃，各單位即預為諸般之準備。

十六、關於匪軍之各種檢討會及組織愛國軍人同志會
與督戰組，並陝北老兵教育諸方法，由新聞局
會第二廳速即研究仿行辦法呈核。

作戰會報紀錄分送表

１總長陳
２國防次長秦
３參謀次長林
４參謀次長劉
５參謀次長方
６陸軍總部顧總司令
７海軍總部桂代總司令
８空軍總部周總司令
９聯勤總部郭總司令
１０第二廳侯代廳長

１１第三廳羅廳長
１２第四廳楊代廳長
１３第五廳劉廳長
１４軍務局毛副局長
１５總長辦公室車副主任
１６本部新聞局鄧局長
１７首都衛戍司令部張司令
１８第三廳第一處陳處長
１９第三廳第二處曹處長
２０附卷存查

第七十三次作戰會報紀錄

時　　間：三十六年十二月十三日十一時三十分

地　　點：兵棋室

出席人員：主席蔣　秦次長　劉次長

　　　　　鄭次長　林次長　方次長

　　　　　陸軍副總司令孫立人

　　　　　陸軍總部參謀長林柏森

　　　　　海軍總部參謀長周憲章

　　　　　空軍周總司令

　　　　　空軍副總司令王叔銘

　　　　　軍務局長俞濟時

　　　　　軍務局參謀周菊村

　　　　　糧食部次長陳良

　　　　　新制軍校校長黃維

　　　　　聯勤副總司令張秉均

　　　　　兵工署署長楊繼曾

　　　　　聯勤部參謀長趙桂森

　　　　　一廳廳長於達　　　　二廳代廳長侯騰

　　　　　二廳三處處長林秀樂　三廳副廳長許朗軒

　　　　　三廳一處處長陳達　　三廳二處處長曹永湘

　　　　　三廳二處副處長高德昌　四廳代廳長楊業孔

　　　　　四廳一處處長鄭瑞　　四廳二處處長陳家釋

　　　　　五廳廳長劉雲瀚

　　　　　新聞局長鄧文儀

　　　　　兵役局長徐思平

民事局長王開化

首都衛戍司令張鎮

主　　席：主席蔣

紀　　錄：周善化

裁決及指示事項

一、各級主管對部下須詳密考核，優秀者應予擢拔升
　　遷，庸劣者應予淘汰。（一廳辦）

二、應令全國軍隊呈出戰績旬報月報表，以憑獎懲，
　　又無論獎懲大小，除個別飭知外，應於每星期綜
　　合發一賞罰通令，使各部知照。（三廳會一廳辦）

三、第二綏區月來無顯著戰績，應令迅速積極清剿附
　　近殘匪，又前令李延年、李玉堂等配合王耀武之清
　　剿範圍，應包括東里店、坦埠在內。（三廳即辦）

四、後方各綏靖區必須隨時自動清剿轄區殘匪，並飭
　　各週呈報戰果一次。（三廳辦）

五、明年度三個月作戰計劃應於下星期六（十二月廿）
　　以前擬定呈核。（三廳速辦）

六、活動堡壘現製成多少，如何編組與分配運動。（四
　　廳會三、五廳辦）。

七、鄂北、豫西方面重要交通線之整備情形，應速查
　　報。（四廳辦）

八、裝甲學校所有之新式報話機，應即撥補快速縱隊，
　　一、四廳會聯勤總部速辦。

九、各單位之經臨各費，除超出預算部份必須請示外，
　　至預算以內之事，為辦事迅速計，可逕先交撥，爾

後報備。（四廳通知預算局）

十、電傳總司令於察、綏兩省設法購糧，又於魯南、魯西、豫東及膠濟路沿線，令飭部隊深入匪區搶購糧食，並按成績優劣酌予獎勵。（四廳會辦，聯勤總部速辦）

十一、由濰縣空運青島之彈藥，其品種、數量如何。（聯勤總部查明具報）

十二、卅七年度國軍幹部教育及初級幹部補充，應擬一計劃呈核。（五廳速辦）

十三、漢口、西安、北平、台灣、南京（或徐州）等五地各設一個軍官訓練班，以三個月為一期，每班每期訓練一千人至一千五百人，授以最重要之剿匪戰術及技術，應留戰績最優之師長為班主任，每顧問亦可請其參加協助，並限於卅七年內每班訓練三期。（五廳速辦）

十四、新制軍校准延至卅八年招生。（五廳辦）

十五、第五軍配屬快速縱隊之砲工部隊，已否撥出，又快速第一縱隊應於黃口以西地區慎選集訓地點，力求祕密。（陸總部即辦）

十六、快速縱隊之校閱時間，准延至明年元月舉行，校閱科目特別注意陸軍與空軍、戰車與步兵、戰車與砲兵之通信聯絡，務求步戰砲飛成一密切偕同之戰鬥體。（陸總部速辦）

十七、57D改於內江、成都各駐一個旅，積極整訓。（三廳即辦）

十八、N7B可仍駐萬縣集訓。（三廳會五廳下令）

十九、南京民眾自衛隊第一期組訓計劃，衛戍部速擬
　　　呈核，嗣後組訓事宜由南京市政府主辦，衛戍
　　　部負責組訓。（衛戍部辦）

廿、卅六年度剿匪得失檢討，各單位應就主管部門
　　詳擬呈核，又對各種技術尤其通信、情報、後
　　勤方面更須特加檢討為要。（各廳局各總部分別
　　檢討彙辦）

廿一、與外籍人洽商公務時，應視事之輕重大小及其
　　　階級地位高低，酌派相當人員予以接待，若以
　　　廳次長接待外國中下級軍官，殊損國格，切宜
　　　注意。

廿二、科長以上各級主官，對於職責以內之事，應一面
　　　儘速辦理，以爭取時間，一面具報備案，不得遇
　　　事請示，尤其廳長應多負責。（總長辦公室辦）

第七十四次作戰會報紀錄

時　　間：三十六年十二月十五日十六時

地　　點：兵棋室

出席人員：主席蔣　秦次長　劉次長　鄭次長

　　　　　林次長　劉次長　方次長

　　　　　　陸軍總部林參謀長　　海軍總部周參謀長

　　　　　　空軍周總司令　　　　空軍王副總司令

　　　　　　軍務局毛副局長景彪　國府曹祕書聖芬

　　　　　　軍務局周參謀菊村　　聯勤總部郭總司令

　　　　　　聯勤趙參謀長　　　　運輸署郗署長

　　　　　　兵工署楊署長　　　　一廳於廳長

　　　　　　二廳侯代廳長　　　　二廳三處林處長秀樂

　　　　　　三廳羅廳長　　　　　三廳許副廳長

　　　　　　三廳一處陳處長　　　三廳二處曹處長

　　　　　　三廳二處高副處長　　四廳洪副廳長

　　　　　　四廳一處陳處長　　　四廳二處鄭處長

　　　　　　五廳劉廳長　　　　　新聞局鄧局長

　　　　　　兵役局徐局長　　　　民事局王局長

　　　　　　總長辦公室錢主任　　衛戌部張司令

　　　　　　合計三十五員

主　　席：主席蔣

紀　　錄：周善化

裁決事項

一、科長以上主官之職權範圍應明確規定細則以便遵守。（五廳會各單位速辦）

二、卅六年工作檢討應於十二月廿六日以前呈出。（總長辦公室辦）

三、卅七年國軍幹部教育及初級幹部補充計劃應於十二月底前呈核，此計劃須以年來死傷失蹤及被俘軍官之總數為根據而擬定之，至幹部之補習教育每期以三至六個月為限，每班學員不宜過多。（五廳會一廳速辦）

四、於察、綏購糧及令魯南、魯西、豫東及膠濟路沿線之部隊深入匪區搶購糧食一案，應每週查明其實施情形，並派員前往視察或督導之。（四廳會聯勤總部辦）

五、活動堡壘製造進度，每週應有報告。（四廳會聯勤總部辦）

六、賞罰通令准改為每月發一次。（三廳會一廳辦）

七、對於所獲匪之每一可靠情報及其宣傳，均應研究對策。（二廳會新聞局辦）

八、萊陽守軍戰績甚佳，應予獎賞。（三廳速簽辦）

九、萊陽彈藥器材損失若干。（四廳會聯勤總部從速查報）

十、六十五師應即開南陽機動控置，洛陽方面亦應再開一個團至鄭州。（三廳速辦）（按此條主席已另有指示）

十一、對每一快速縱隊應再各準備新卡車卅輛為預備

車，以便機動作戰。（聯勤總部速辦）

十二、海軍總部參加海陽之役有功人員應速查明呈報，
以憑獎賞。（海軍總部辦）

十三、開封、鄭州兩機場之地勤人員及油彈等可依狀
況向洛陽方面轉移基地，又刻在東北、北平地
區之 C46 運輸機准暫予調回。（空軍總部辦）

訓示事項

一、國防部各廳局及各總部之各署處司應與行轅、綏署
等司令部內業務性質相同之單位，每星期至少聯
絡一次，以便推進業務。（總長辦公室速辦）

二、作戰會報及部務會報於每星期三、六合併舉行。
（三廳會總長辦公室速辦）

三、參謀總長兵棋室應倣照交通部會報室之設施立加
改良，又各總部各廳局亦應有此設備。（三廳會總
長辦公室速辦）

四、國防部及各廳局均應有卅七度工作計劃預定表（部
長辦公室會總長辦公室遵辦）

五、機關辦事最重聯絡、調查、統計、研究、指導諸
工作，對任何案件均應照此原則辦理，各級主管
須特別注意研究督導為要。

作戰會報紀錄分送表

1 主席蔣	16第二廳侯廳長
2 參謀總長陳	17第三廳羅廳長
3 參謀次長林	18第三廳許副廳長
4 參謀次長劉	19第四廳楊代廳長
5 參謀次長方	20第五廳劉廳長
6 國防次長一員	21兵役局徐局長
7 陸軍總部顧總司令	22首都衛戍司令部張司令
8 陸軍總部林參謀長	23新聞局鄧局長
9 海軍總部桂代總司令	24軍務局俞局長
10海軍總部周參謀長	25聯勤總部運輸署郗署長
11空軍總部周總司令	26第二廳第三處林處長
12空軍總部王參謀長	27第三廳第一處陳處長
13聯勤總部郭總司令	28第三廳第二處曹處長
14聯勤總部趙參謀長	29附卷存查
15第一廳於廳長	30總長辦公室錢主任
	31陸軍總部湯副總司令

第七十五次作戰會報紀錄

時　　間：三十六年十二月十七日十六時

地　　點：兵棋室

出席人員：主席蔣　秦次長　劉次長　鄭次長

　　　　　林次長　劉次長　方次長

　　　　　陸軍總部林參謀長　海軍總部周參謀長

　　　　　空軍周總司令　　　空軍王副總司令

　　　　　軍務局毛副局長　　聯勤郭總司令

　　　　　聯勤趙參謀長　　　運輸署郗署長

　　　　　兵工署楊署長　　　一廳於廳長

　　　　　二廳侯代廳長　　　二廳三處林處長

　　　　　三廳羅廳長　　　　三廳許副廳長

　　　　　三廳二處曹處長　　三廳二處高副處長

　　　　　四廳楊代廳長　　　四廳一處陳處長

　　　　　四廳二處鄭處長　　五廳劉廳長

　　　　　新聞局鄧局長　　　兵役局徐局長

　　　　　總長辦公室錢主任　衛戍部張司令

　　　　　合計三十一員

主　　席：主席蔣

紀　　錄：周善化

裁決事項

一、本（卅六）年度我軍死傷失蹤及被俘軍官之數字，
　　應確實查報統計。（一廳會陸軍總部辦）

二、令魯南、魯西、豫東及膠濟路沿線之部隊深入匪

區搶購糧食一案，應先飭各部隊墊款搶購，事後向聯勤總部報銷，同時須由本部及聯勤部派員督促查核。（四廳會聯勤總部辦）

三、活動堡壘可先做一千個，並擬定使用計劃呈核。（四廳會三廳及聯勤總部辦）

四、每月份賞罰通令應於下月十五日前公佈。（三廳會一廳辦）

五、關於所獲匪軍之每一可靠情報及其宣傳資料，均應研究對策一案，情報部份二廳負責，宣傳部份新聞局負責。

六、萊陽之役我軍損失甚鉅，應令范副總司令詳報經過，以便查明責任，分別議處。（三廳速辦）

七、國防部各廳局及各總部之各署處司應與行轅、綏署等司令部內業務性質相同之主管官切取聯絡，不必事事均詢其主官及幕僚長。（總長辦公室辦）

八、國防部各單位之卅七年年度工作計劃應於卅六年工作總檢討之後半個月內呈出。（部長辦公室會總長辦公室辦）

九、作戰會報時間改為每星期三、六，十六時半舉行。（三廳辦）

十、關於匪情報告，不僅說明其動態，且應判斷其可能之企圖，提供參考。（二廳遵辦）

十一、鄭州空軍基地轉移於洛陽時，應令該地駐軍切實警衛。（三廳辦）

十二、應通令各部隊隨時詳報匪軍破路及我方修理情形，並妥擬對策。（四廳速辦）

十三、城固及廣元之小型兵工廠應否遷於更為安全之
　　　地區。（四廳會聯勤總部辦）

訓示事項

一、時間、空間、數字三者為作戰用兵之重要因素，不
　　可稍有含糊，否則一切計劃均將落空，影響極大，
　　應切實注意精確為要。

二、工欲善其事，必先利其器，各單位辦事效率其所以
　　不能提高，皆由忽視工作上應具備之工具與各項
　　統計圖表等，各廳局及各總司令部應特別注意研
　　究。（各總部各廳局遵辦）

三、目下匪軍以破壞交通為其作戰之最大目標，我應
　　如何護路保橋，又道路破壞後如何迅速修復及如
　　何設法補救，並應如何計劃利用公路運輸及水
　　運、空運之準備，俾補給及兵力轉用迅速容易，
　　以利作戰。（四廳速會有關單位辦理）

四、凡有重要飛機場之地區應堅強固守，非有命令不
　　得撤退。（三廳通飭遵照）

五、匪軍重火器甚缺，砲彈更缺，其流竄有餘，攻堅
　　不足，即以澈底集中兵力可攻我某一戰略據點，
　　但不能同時攻我數個戰略據點，因此我應適時準
　　備轉用其他方面兵力與匪決戰，如石門戰役如能
　　轉用平津一部兵力予以增援，當不致陷入匪手，
　　此種慘痛之經驗，我應引為寶貴教訓。（三廳迅即
　　通飭知照）

六、長江航線刻無軍運，所扣輪船應即解僱，俾利民

運。（聯勤總部遵辦）

七、著於平漢路、隴海路方面成立兩個汽車隊，控置戰略要點，擔任被匪破壞地段之運輸。（四廳會聯勤總速辦）

八、水陸兩用戰車應速作試驗，並先擬計劃呈核。（國防科學研究委員會辦）

九、鄭州黃河兩岸橋頭堡及黃河鐵橋應速加強守備兵力。（三廳速辦）

十、煙台收復後對東北及平津一帶之海運暢通無阻，應速作大規模海運準備，以便東北、華北、華中之兵力轉用。（四廳會有關單位速辦）

十一、我應利用海陸空優越之交通工具，今後各戰場轉用兵力應力求靈活，希通令各高級司令官對最高統帥部之兵力轉用命令應即遵照實施，不得留難遲滯，妨害全般計劃之遂行。（三廳辦）

作戰會報紀錄分送表

1 主席蔣
2 參謀總長陳
3 參謀次長林
4 參謀次長劉
5 參謀次長方
6 國防次長一員
7 陸軍總部顧總司令
8 陸軍總部林參謀長
9 海軍總部桂代總司令
10 海軍總部周參謀長
11 空軍總部周總司令
12 空軍總部王參謀長
13 聯勤總部郭總司令
14 聯勤總部趙參謀長
15 第一廳於廳長

16 第二廳侯廳長
17 第三廳羅廳長
18 第三廳許副廳長
19 第四廳楊代廳長
20 第五廳劉廳長
21 兵役局徐局長
22 首都衛戍司令部張司令
23 新聞局鄧局長
24 軍務局俞局長
25 聯勤總部運輸署郗署長
26 第二廳第三處林處長
27 第三廳第一處陳處長
28 第三廳第二處曹處長
29 總長辦公室錢主任
30 陸軍總部湯副總司令
31 附卷存查

第七十六次作戰會報紀錄

時　　間：三十六年十二月二十日十六時三十分

地　　點：參謀部會議室

出席人員：主席蔣　鄭次長　劉次長　劉參謀次長

　　　　　林次長　方次長

　　　　　陸軍總部湯副總司令　　陸軍總部林參謀長

　　　　　海軍總部桂代總司令　　海軍總部周參謀長

　　　　　空軍周總司令　　　　　軍務局毛副局長

　　　　　聯勤郭總司令　　　　　聯勤趙參謀長

　　　　　運輸署郗署長　　　　　兵工署楊署長

　　　　　一廳於廳長　　　　　　二廳侯代廳長

　　　　　二廳三處林處長　　　　三廳羅廳長

　　　　　三廳許副廳長　　　　　三廳一處陳處長

　　　　　三廳二處曹處長　　　　三廳二處高副處長

　　　　　四廳楊代廳長　　　　　四廳一處陳處長

　　　　　四廳二處鄭處長　　　　五廳劉廳長

　　　　　新聞局鄧局長　　　　　兵役局徐局長

　　　　　總長辦公室錢主任　　　衛戍部張司令

　　　　　民事局王局長　　　　　監察局彭局長

　　　　　軍事研究組徐主任　　　總長辦公室蔡副主任

主　　席：主席蔣

紀　　錄：周善化

裁決事項

一、凡利用各種交通工具軍運時，除有特別命令外，必須一定噸位裝儎後方可啟運，嚴禁浪費輪力，如尚有空餘噸位，應附搭民運，以節輪力，又運達目的地後，應即迅速卸空，不准扣車扣船，違者重懲，今後各戰地視察組、監察局及新聞局等機關特別注意查報上項情事，並令頒運輸紀律，通飭遵照。
（四廳即會有關單位速辦稿，呈主席親判）

二、上海港口司令部對最近過境部隊四千餘人之主副食費不發，致令該部兩天只得一餐，又使部隊住宿水門汀地上而無稻草，懈忽瀆職，影響軍心，應速澈查究辦，又監察局對於後方之兵站及衛生等機關，應特加查察報辦為要。（監察局會四廳及聯勤總部速辦）

三、於平漢路、隴海路方面各成立兩個汽車隊控制戰略要點，擔任鐵道被匪破壞地段之運輸一案，特訂運輸辦法妥為運用，稿呈主席親判。（四廳會聯勤總部速辦）

四、城固及廣元之小型兵工廠擬請遷移一案，可從緩議。（聯勤總部遵照）

五、豫西部隊亦應深入匪區搶購糧食，凡任搶購糧食之部隊，可先酌發價款，爾後向聯勤總部報銷，尤須速擬匪區搶購糧食實施辦法呈核。（四廳會聯勤總部速辦）

六、每一戰役後，參戰部隊應速造戰鬥詳報呈核，特應注意匪我傷亡、損耗、擄獲之精確數字，必要

時並派高級人員前往視察，以為獎懲及補充補給
之根據。（三廳通令遵照）

訓示事項

一、各廳局主管計劃，各總部主管實施，此乃國防部組
織之根本精神，應照此加強研究，緊密聯繫。（五
廳辦）

二、大別山區之公路應限期修復。（四廳速辦）

三、新安至陝州之公路，即令胡主任派隊掩護，以期
迅速修復。（四廳速辦）

四、對陳毅匪部應速散發預製傳單。（新聞局辦）

五、川籍新兵應就近配撥駐川部隊，此後各省新兵亦
應準此辦理，駐廣元之後調派（60B）與駐咸寧之
後調旅（199B）可對調駐地，以節運輸。（陸總部
研辦）

六、海軍艦船修理費究需若干，速造預算呈核。（海軍
總部辦）

七、各地彈藥屯儲計劃，四廳及聯勤總部應切實自行
負責，如遇狀況緊急，所屯物資無法轉移安全區
域時，應即自動銷燬，以免資匪，又各地所屯糧
彈情形，應令兵站機關按旬表報，以便稽考。（四
廳會聯勤總部辦）

八、萊陽、漯河、新鄭等地損失物資，應予澈查詳報。
（四廳會聯勤總部辦）

九、催淚性手榴彈及活動堡壘等應配發守備要點作戰
之部隊，尤應配發保衛重要鐵路公路橋樑之部隊

使用為宜。（三廳會四廳、聯勤總部辦）

十、瀋陽刻有重迫擊砲用之黃磷彈二萬餘發，應即電
陳兼主任轉飭適時使用。（四廳會聯勤總部辦）

十一、聯勤總部及各部隊現有武器及車輛之狀況，應
即確實檢查，力求發揮其最高效用。（四廳會
聯勤總部速辦）

十二、水陸兩用戰車應以能使用於運河、黃河、洪澤
湖等地區，速先研究試驗與修理，並應迅報其試
驗情形。（陸總部會軍事研究組、聯勤總部辦）

十三、裝甲車戰術上使用之意見，三廳速擬呈核。

十四、地雷為阻匪流竄之有效武器，陸總部應速指導
部隊妥為運用。

十五、監察局長應使參加作戰會報。（三廳辦）

十六、大別山區應即擬具分區清剿計劃呈核，並於部
署完成後準備召開第二次大別山剿匪會議，特
著重檢討令該區域內師長以上之將領參加，會
期預定在一週以後舉行。（三廳速辦）

作戰會報紀錄分送表

1 主席蔣
2 參謀總長陳
3 參謀次長林
4 參謀次長劉
5 參謀次長方
6 國防次長一員
7 陸軍總部顧總司令
8 陸軍總部林參謀長
9 海軍總部桂代總司令
10 海軍總部周參謀長
11 空軍總部周總司令
12 空軍總部王參謀長
13 聯勤總部郭總司令
14 聯勤總部趙參謀長
15 第一廳於廳長
16 第二廳侯廳長
17 第三廳羅廳長
18 第三廳許副廳長
19 第四廳楊代廳長
20 第五廳劉廳長
21 兵役局徐局長
22 首都衛戍司令部張司令
23 新聞局鄧局長
24 軍務局俞局長
25 聯勤總部運輸署郗署長
26 第二廳第三處林處長
27 第三廳第一處陳處長
28 第三廳第二處曹處長
29 總長辦公室錢主任
30 陸軍總部湯副總司令
31 附卷存查

第七十七次作戰會報紀錄

時　　間：三十六年十二月二十四日十六時三十分

地　　點：參謀部會議室

出席人員：主席蔣　鄭次長　秦次長　劉參謀次長

　　　　　劉次長　林次長　方次長

　　　　　陸軍總部林參謀長

　　　　　海軍總部桂代總司令

　　　　　海軍總部周參謀長

　　　　　空軍周總司令

　　　　　空軍總部第三署徐署長

　　　　　軍務局毛副局長

　　　　　聯勤郭總司令

　　　　　聯勤趙參謀長

　　　　　運輸署郗署長

　　　　　運輸署調度室張主任

　　　　　兵工署楊署長

　　　　　一廳於廳長　　　　二廳侯代廳長

　　　　　二廳三處林處長　　三廳許副廳長

　　　　　三廳一處陳處長　　三廳二處曹處長

　　　　　三廳二處高副處長　四廳楊代廳長

　　　　　四廳一處陳處長　　四廳二處鄭處長

　　　　　五廳劉廳長

　　　　　新聞局鄧局長

　　　　　兵役局鄭副局長

　　　　　總長辦公室錢主任

　　　　衛戍部張司令

　　　　民事局余副局長

　　　　監察局彭局長

　　　　總長辦公室蔡副主任

　　　　軍事研究組徐主任

　　　　合計三十七員

主　　席：主席蔣

紀　　錄：周善化

裁決事項

一、已運到之水陸兩用戰車應速修理，並將修理情形
　　於下次會報報告。（聯勤總部兵工署速辦）

二、原定廣元之 60B（後調旅）與咸寧之 199B（後調
　　旅）應立即互換駐地。（陸軍總部速辦）

三、戰鬥詳報由各級幕僚長負責，按作戰綱要草案之
　　規定編報，在每一戰役後迅速呈出，如遲延不報，
　　應以違令及玩忽職守懲處。（三廳通飭遵照督促其
　　實施）

四、平漢、隴海兩線成立之汽車隊，所需車輛應由兵
　　站調撥，不足時另籌補充，不必強由部隊抽調為
　　要。（聯勤總部遵照）

五、應於包頭方面購足榆林守軍三個月份糧食，速運
　　該地屯儲。（聯勤總部辦）

六、榆（林）包（頭）公路榆林至札薩克旗一段，中有
　　卅公里尚未通車，應速修通，以利軍運。（聯勤總
　　部辦）

七、各快速縱隊所需工兵及架橋與修路器材等，應盡
速配撥，並將辦理情形具報。（陸軍總部辦）

訓示事項

一、機關、部隊、學校現有武器、車輛之狀況，應規定
表格，按月實施表報。（聯勤總部辦）

二、萊陽、漯河、新鄭等地損失物資，乃該管補給區
之最大恥辱，應澈查究辦。（聯勤總部會有關單位
速辦）

三、海軍艦船修理費之預算，應分最緊要與次要兩類
造報。（海軍總部遵照）

四、兵役方面應照左列指示盡速辦理：

（甲）本卅六年農曆年底前，應將各後調旅之兵員
補足。

（乙）嗣後兵源補充應徵、募並行，凡徵兵配額
徵齊之地區，可准部隊招募志願兵，尤其
匪竄之地區，須特訂獎勵招募辦法，加強
爭取壯丁。

（丙）各地所徵之兵應就近補充駐在附近之部隊
為原則，以期迅捷。

（丁）對於開徵時間不必統一規定，以能視情況
需要適時補充為原則。（兵役局速辦）

五、洩漏機密為軍人最大之恥辱與罪惡，本會報所議之
事應絕對保守祕密，不得洩漏，否則定嚴查懲辦。

作戰會報紀錄分送表

１主席蔣
２參謀總長陳
３參謀次長林
４參謀次長劉
５參謀次長方
６國防次長一員
７陸軍總部顧總司令
８陸軍總部林參謀長
９海軍總部桂代總司令
１０海軍總部周參謀長
１１空軍總部周總司令
１２空軍總部王參謀長
１３聯勤總部郭總司令
１４聯勤總部趙參謀長
１５第一廳於廳長
１６第二廳侯廳長
１７第三廳羅廳長
１８第三廳許副廳長
１９第四廳楊代廳長
２０第五廳劉廳長
２１兵役局徐局長
２２首都衛戍司令部張司令
２３新聞局鄧局長
２４軍務局俞局長
２５聯勤總部運輸署郗署長
２６第二廳第三處林處長
２７第三廳第一處陳處長
２８第三廳第二處曹處長
２９總長辦公室錢主任
３０陸軍總部湯副總司令
３１附卷存查

第七十八次作戰會報紀錄

時　　間：三十六年十二月二十七日十六時三十分

地　　點：參謀部會議室

出席人員：主席蔣　秦次長　劉次長　林次長

　　　　　方次長　鄭次長　劉參謀次長

　　　　　海軍總部桂代總司令

　　　　　海軍總部第三署宋署長

　　　　　聯勤總部郭總司令

　　　　　聯勤總部運輸署郗署長

　　　　　空軍總部周總司令

　　　　　空軍總部第三署徐署長

　　　　　聯勤總部趙參謀長

　　　　　運輸署調度室張主任

　　　　　聯勤總部兵工署楊署長

　　　　　陸軍總部林參謀長

　　　　　軍務局汪高參

　　　　　一廳於廳長　　　　　二廳侯代廳長

　　　　　二廳三處林處長　　　三廳許副廳長

　　　　　三廳一處陳處長　　　三廳二處尹副處長

　　　　　三廳二處高副處長　　四廳楊代廳長

　　　　　四廳一處陳處長　　　四廳二處鄭處長

　　　　　五廳劉廳長

　　　　　新聞局鄧局長

　　　　　兵役局徐局長

　　　　　民事局余副局長

監察局彭局長

軍事研究組徐主任

總長辦公室錢主任

總長辦公室蔡副主任

陸軍總部湯副總司令

合計三十七員

主　　席：主席蔣

紀　　錄：周善化

裁決事項

一、整五十四師由萊陽向海陽前進時，究帶彈藥若
　　干，並係何時補充，應速電闕軍長翔實具報。（第
　　四廳辦）

二、各快速縱隊所需工兵及架橋與修路器材等配撥情
　　形，應於下次會報詳細報告。（陸軍總部辦）

三、榆（林）包（頭）公路十八里台至孟家灣段之修理
　　情形，應於下次會報詳細報告，又榆林之 83B 能否
　　移駐十八里台，或令寧夏之保安兩個團暫駐烏審
　　旗以便節省輸力，減輕榆林糧荒之處，可與鄧總
　　司令寶珊及馬主席鴻逵等洽辦。（聯勤總部辦）

四、各部隊之戰鬥詳報須於每一戰役後十天以內呈
　　出，應由三廳二處負責督促辦理。

五、後調旅滿六千人以上者，其步槍及輕重機槍之配
　　賦，應照通案辦理，迫擊砲亦須籌補。（四廳會聯
　　勤總部辦）

六、南京建築營房應查明有無可資利用敵偽遺留之材

料，如有須儘量利用，以節公帑。（陸軍總部會聯勤總部辦）

七、桂林、昆明、貴陽等地所存汽油應速運輸。（空軍總部及聯勤總部辦）

訓示事項

一、兵役方面應研究各種具體辦法，如編組運輸隊、擔架隊、服務隊、鋤奸隊及徵工等名義，爭取壯丁而裕兵源，並得依狀況強迫施行，尤其魯、豫及其他匪患較重地區，特須儘速辦理。（兵役局辦）

二、快速縱隊所需車輛應以某一汽車部隊連同保養裝備整個撥配，不得零星拼湊，或以破車塞責，又發給部隊車輛應以新車為原則，以利作戰。（聯勤總部辦）

三、此次平漢路鄭州至信陽段損失火車頭達廿九個之鉅，苟三、四廳及聯勤總部聯繫緊密，且主管交通單位有計劃有準備，何至於此，本項應澈查懲處。（聯勤總部辦）

四、本卅六年工作檢討及明卅七年工作計劃，各單位應積極辦理。（總長辦公室辦）

五、校閱部隊對於減少缺額、鼓舞士氣、提高戰力之效用至大，應先編成東北、華北、西北、華中四個校閱組，並將辦法擬呈為要。（五廳會有關單位速辦）

六、各單位特須注意加強效率，尤應對匪之一切措施，各就主管部門擬具對策。（總長辦公室及各廳局注意）

七、據報匪軍之坑道作業係採用俄國史大林格勒保衛
　　戰工事要領構築，應積極研究對策，並派人前往
　　戰地視察具報為要。（三廳速辦）

作戰會報紀錄分送表

1 主席蔣	16 第二廳侯廳長
2 參謀總長陳	17 第三廳羅廳長
3 參謀次長林	18 第三廳許副廳長
4 參謀次長劉	19 第四廳楊代廳長
5 參謀次長方	20 第五廳劉廳長
6 國防次長一員	21 兵役局徐局長
7 陸軍總部顧總司令	22 首都衛戍司令部張司令
8 陸軍總部參謀長	23 新聞局鄧局長
9 海軍總部桂代總司令	24 軍務局俞局長
10 海軍總部周參謀長	25 聯勤總部運輸署郗署長
11 空軍總部周總司令	26 第二廳第三處林處長
12 空軍總部王參謀長	27 第三廳第一處陳處長
13 聯勤總部郭總司令	28 第三廳第二處曹處長
14 聯勤總部趙參謀長	29 總長辦公室錢主任
15 第一廳於廳長	30 陸軍總部湯副總司令
	31 附卷存查

第七十九次作戰會報紀錄

時　　間：三十六年十二月三十一日十六時三十分

地　　點：參謀部會議室

出席人員：秦次長　劉次長　林次長

　　　　　方次長　鄭次長　劉參謀次長

　　　　　海軍總部桂代總司令

　　　　　聯勤總部郭總司令

　　　　　聯勤總部運輸署郗署長

　　　　　空軍總部周總司令

　　　　　聯勤總部趙參謀長

　　　　　運輸署調度室張主任

　　　　　陸軍總部林參謀長

　　　　　軍務局汪高參

　　　　　一廳於廳長　　　　　二廳侯代廳長

　　　　　二廳三處林處長　　　三廳羅廳長

　　　　　三廳許副廳長　　　　三廳一處陳處長

　　　　　三廳二處尹副處長　　四廳楊代廳長

　　　　　四廳一處陳處長　　　四廳二處鄭處長

　　　　　五廳劉廳長

　　　　　新聞局鄧局長

　　　　　兵役局徐局長

　　　　　監察局彭局長

　　　　　軍事研究組徐主任

　　　　　總長辦公室錢主任

　　　　　陸軍總部湯副總司令

首都衛戍司令部張代司令

合計三十二員

主　　席：次長林

紀　　錄：周善化

裁決事項

一、本（十二）月廿六日至卅日蘇北卞倉鎮之役，陸空協力擊破匪軍，斬獲頗眾，應查報有功，以憑給獎，而勵來茲。（三廳及空軍總部簽辦）

二、全國部隊校閱視察人員之派遣，除主席特派戰地視察組專任作戰與軍風紀事項外，其餘各單位所派之視察組點驗校人員尚多，應由第五廳、第四廳、陸軍總部妥擬一合併辦法呈核。

三、32D、66D、70D、72D、88D 等五個師武器兵員應作緊急補充，其武器希於最近兩星期內辦妥。（五廳、四廳會有關單位速辦）

四、和平愛國團之人數是否加以限制，與青訓團是否合併，及其待遇與主管問題，由新聞局會陸總及有關單位研辦。

五、膠東匪軍二、七、九，三個縱隊，刻踞諸城，對日照、石臼所方面似有竄犯企圖，海軍總部應作適時協力該地陸軍作戰之計劃及準備。

六、目下陸軍一旦被圍，即請空投，亟應規定糧彈攜行數，並糾正其依賴空投之心理，又凡請空投者，戰後應派員考察其實在情況，予以糾正。（四廳會聯勤總部辦）

七、明（卅七）年度徵兵額預定增至一百五十萬，採用
　　徵、募並用辦法，其所需糧服另案辦理，至安家
　　費之預算可請追加。（兵役局會有關單位速辦）

八、長江宜（昌）渝段空軍總部與聯勤總部佔有船舶運
　　輸之噸位改為二與一之比，至鄭州空軍之存油可商
　　請聯勤總部酌予代運。（空軍、聯勤兩總部洽辦）
　　渝陝段車油可由聯勤總部增產酒精代替。

九、新購之空運機完全交空軍總部，抑須分給民航公
　　司若干，又如分給民航公司時，爾後基於軍事上之
　　需要，其今日應履行之義務如何。（空軍總部簽辦）

十、不敷之軍用汽車配件如何補充，聯勤總部擬具辦
　　法簽辦。

訓示事項

一、如何充實部隊輜重輸力最為重要，五廳會四廳先
　　行研究，爾後實施，並不斷檢查實施之效果，以
　　為更加改進之依據。

二、補給方面，野戰區、兵站區與後方區之機構暨職
　　責如何劃分調整，聯勤總部速擬呈核。

三、匪軍位置及可能竄犯企圖，二廳應適時通知有關
　　單位。

四、華北最近軍事上之勝利，新聞局應即宣揚，並由
　　三廳速電傳總司令予以嘉勉。

五、整八師副官某於長山島搜刮民物，已被該地海軍
　　巡防處查扣發還，監察局仍須澈查真相懲處。

作戰會報紀錄分送表

１主席蔣　　　　　　　　　１６第二廳侯廳長
２參謀總長陳　　　　　　　　１７第三廳羅廳長
３參謀次長林　　　　　　　　１８第三廳許副廳長
４參謀次長劉　　　　　　　　１９第四廳楊代廳長
５參謀次長方　　　　　　　　２０第五廳劉廳長
６國防次長一員　　　　　　　２１兵役局徐局長
７陸軍總部顧總司令　　　　　２２首都衛戍司令部張司令
８陸軍總部參謀長　　　　　　２３新聞局鄧局長
９海軍總部桂代總司令　　　　２４軍務局俞局長
１０海軍總部周參謀長　　　　２５聯勤總部運輸署郗署長
１１空軍總部周總司令　　　　２６第二廳第三處林處長
１２空軍總部王參謀長　　　　２７第三廳第一處陳處長
１３聯勤總部郭總司令　　　　２８第三廳第二處曹處長
１４聯勤總部趙參謀長　　　　２９總長辦公室錢主任
１５第一廳於廳長　　　　　　３０陸軍總部湯副總司令
　　　　　　　　　　　　　　３１附卷存查

第八十次作戰會報紀錄

時　　間：三十七年元月三日十六時三十分

地　　點：參謀部會議室

出席人員：主席蔣　秦次長　劉次長　林次長

　　　　　方次長　鄭次長　劉參謀次長

　　　　　海軍總部桂代總司令

　　　　　海軍總部第三署宋署長

　　　　　聯勤總部郭總司令

　　　　　聯勤總部運輸署郗署長

　　　　　空軍總部周總司令

　　　　　空軍總部第三署徐署長

　　　　　聯勤總部趙參謀長

　　　　　聯勤總部兵工署楊署長

　　　　　陸軍總部林參謀長

　　　　　軍務局汪高參

　　　　　一廳於廳長　　　　二廳侯代廳長

　　　　　二廳三處林處長　　三廳羅廳長

　　　　　三廳許副廳長　　　三廳一處陳處長

　　　　　三廳二處曹處長　　四廳楊代廳長

　　　　　四廳一處陳處長　　四廳二處鄭處長

　　　　　五廳劉廳長

　　　　　新聞局鄧局長

　　　　　兵役局徐局長

　　　　　監察局彭局長

　　　　　軍事研究組徐主任

　　　　總長辦公室錢主任

　　　　總長辦公室蔡副主任

　　　　陸軍總部湯副總司令

　　　　合計三十五員

主　席：主席蔣

紀　錄：周善化

裁決事項

一、整八師副官於長山島擾民情形者，即查明速辦。
　　（監察局會海軍總部辦）

二、充實部隊輜重輸力最為重要，應速擬具體辦法呈
　　核。（四廳會有關單位辦）

三、各單位對前方所派之視察點驗校閱人員亟應調整合
　　併一案，改由陸軍總部主辦，並擬一辦法呈核。

四、32D、66D、70D、72D、88D、20D、40D、52D、
　　74D 等九個師之整理、補充、點驗、校閱特別重
　　要，應於二月上旬以前辦竣。（五廳會四廳辦）

五、青訓隊中之俘虜人員應速設法利用，特須擬訂匪
　　軍軍官及政工人員嚴密調查考核辦法，檢舉者有
　　賞，自首者無罪，隱匿經查出者槍決，被其混迹
　　因而僨事者嚴懲其負責人，該隊官兵須挑選出精
　　幹者，以服其事。（新聞局辦）

六、國軍幹部手冊交有關單位審查後頒發實施，並電
　　知特派戰地視察組查報各部隊遵辦情形。（新聞
　　局辦）

七、鎮江、常州、宜興、蕪湖、南京等地之營房，凡為

普通行政機關佔用者，應限元月底前讓出，如駐
有零星部隊及軍事機關學校時，亦令遷併，俾便
部隊集訓之用。（陸總部會聯勤部辦）

八、漢口、徐州、鄭州等地各訓練處一所，協助各該
地部隊之訓練。（陸總部辦）

九、金華附近所徵壯丁應補充 102B，不必撥配台灣。
（兵役局辦）

十、應以一個後調旅開駐廣德。（陸總部辦）

十一、海總部所需修艦油漆可報請核示。

十二、如何利用在鄉軍官、軍官總隊學員作為各省保
安團及自衛隊之幹部，一廳速擬辦法呈核。

十三、蘇北糧食應強令集中，勿資匪，四廳擬具計劃
呈核。

十四、蘇北、皖北、豫西等地國軍所到之處，視情況每
保應各徵壯丁二名服行兵役，由兵役局擬具辦
法呈核。

訓示事項

一、凡國軍由重要據點轉進時（如運城），應留置地下
工作人員並配屬祕密電台，繼續在該地區搜索匪
情。（二廳辦）

二、糧彈空投特須注意包紮堅牢，並派專人負責投送，
空勤人員應檢查包紮是否堅牢，如有跌破散落之
慮，應拒絕投送。（聯勤部、空總部辦）

三、西安、鄭州、徐州、漢口等地應各控置新卡車二百
輛，以備機動部隊及鐵道尚未修復地段運輸之

用，待修卡車應訂修車競賽與獎懲辦法，實行搶修，並每週報告修理進度，零件缺時可拆卸廢車零件備用，至美造卡車零件必須購買者，可簽請核示。（聯勤部辦）

四、空軍總部即將加拿大運華軍品清單呈閱。

五、如何裁汰後方機關、部隊、學校之冗員及公差雜役充實前方部隊戰力，如何裁減前方部隊留置後方之冗員及直屬部隊充實第一線之戰力，五廳會有關單位擬定呈核。

六、卅六年度作戰檢討及戰果統計表應速呈閱並報告。（三廳辦）

七、一廳應速擬如何始能確實掌握全國軍官佐屬人事之方案呈核。

八、北寧路應先修至唐山，平漢路應先修至碻山。（四廳會交通部辦）

九、已做好之活動堡壘可先用於兗州至泰安津浦路沿線。（三廳會四廳辦）

十、前方部隊應如何就地籌糧補兵，聯勤部及兵役局速擬辦法呈核。

十一、黃河以南匪軍補給辦法如何，應速搜集此項情報資料研究。（二廳及四廳辦）

十二、五廳速擬人民→自衛隊→保安團→國軍，遞級補充之方案呈核。

作戰會報紀錄分送表

1 主席蔣	16 第二廳侯廳長
2 參謀總長陳	17 第三廳羅廳長
3 參謀次長林	18 第三廳許副廳長
4 參謀次長劉	19 第四廳楊代廳長
5 參謀次長方	20 第五廳劉廳長
6 國防次長一員	21 兵役局徐局長
7 陸軍總部顧總司令	22 首都衛戍司令部張司令
8 陸軍總部參謀長	23 新聞局鄧局長
9 海軍總部桂代總司令	24 軍務局俞局長
10 海軍總部周參謀長	25 聯勤總部運輸署郗署長
11 空軍總部周總司令	26 第二廳第三處林處長
12 空軍總部王參謀長	27 第三廳第一處陳處長
13 聯勤總部郭總司令	28 第三廳第二處曹處長
14 聯勤總部趙參謀長	29 總長辦公室錢主任
15 第一廳於廳長	30 陸軍總部湯副總司令
	31 附卷存查

第八十一次作戰會報紀錄

時　　間：三十七年元月七日十五時三十分
地　　點：缺
出席人員：缺
主　　席：主席蔣
紀　　錄：周善化

裁決事項

一、各單位對前方部隊所派之視察點驗校閱人員合併
　　計劃，速擬呈核。（五廳會辦）

二、青訓隊之考核辦法速擬呈核，尤其注重人選。（新
　　聞局辦）

三、漢口、徐州、鄭州、西安、北平等地訓練處之編制
　　與其督訓大綱。（五廳速擬呈核）

四、鎮江、常州、宜興、蕪湖、南京等地各準備兩個
　　團用之營房，以便部隊集訓之用。（陸總部會聯勤
　　部辦）

五、駐蕪湖之新十三旅應即開駐宣城、廣德兩地集訓。
　　（陸總部辦）

六、前定蘇北糧食集中計劃大要及其實施情形如何，
　　應即報告。（四廳會民事局辦）

七、新聞局、民事局業務應研究如何加強合作辦法。
　　（五廳辦）

八、我重要據點及匪區戰略據點，尚應預為密設祕密
　　電台及派遣地下工作，其派遣計劃與其工作技

術。（二廳速擬呈核）

九、3D 現在鄭州、洛陽附近之八千餘人，可暫在鄭州
　　整訓候車通時再歸制。三廳速電飭遵，其在漢口
　　之二千餘人仍開南京補訓，並由陸總部迅予準備
　　營房。

十、運城損失之軍需物資，聯勤總部速電第五兵站分
　　監部確查詳報。

十一、洛潼公路至為重要，應電胡主任派護路部隊加
　　　強衛護。（三廳辦）

十二、快速縱隊最好各再發卡車五十輛為預備車，以
　　　利作戰（聯勤總部會陸總部辦）

訓示事項

一、凡部隊之補充補給，後方補給機關須不使部隊向
　　後領，應及時配撥向前送達，後方機關為前方部
　　隊服務一切，總以方便部隊為主，如此方可提高士
　　氣，增強戰力，各機關須本此精神，切實改正。

二、今年兵員補充應按左列指示擬定辦法辦理：

　　（一）不必拘泥兵役法規，應盡各種方法爭取兵員。

　　（二）各部隊長可在其原籍利用鄉土關係儘量招
　　　　　募新兵，依其招募多寡，發給招募費。

　　（三）獎勵前方部隊盡最大可能就地募補，並訂
　　　　　獎勵辦法。

　　（四）利用地方正紳及退役軍官，仿照「辦團練」
　　　　　之辦法編組地方武力，協助剿匪。（以上
　　　　　由兵役局會新聞局及保安事務局辦）

三、華中戰場今後作戰無須佔領空間，應速澈底集中
　　兵力，先追殲陳毅、劉伯誠兩股主力，並須指定某
　　部專打一股，直至該匪就殲，即為其任務完成，並
　　將須發揮空軍之優點協力作戰，三廳照此指示速
　　擬計劃呈核。

四、津浦沿線預定提前補充之部隊於最近兩星期內補充
　　完畢。（兵役局、四、五廳會辦）

第八十二次作戰會報紀錄

時　　間：三十七年元月十日十六時三十分

地　　點：參謀部會議室

出席人員：林次長　秦次長　劉次長　方次長

　　　　　陸軍總部湯副總司令

　　　　　陸軍總部林參謀長

　　　　　海軍總部桂代總司令

　　　　　空軍總部第三署徐署長

　　　　　聯勤總部郭總司令

　　　　　聯勤總部趙參謀長

　　　　　兵工署楊署長

　　　　　運輸署供應司李司長

　　　　　總長辦公室蔡副主任

　　　　　一廳於廳長　　　　二廳侯代廳長

　　　　　二廳三處林處長　　三廳許副廳長

　　　　　三廳毛副廳長　　　三廳一處陳處長

　　　　　四廳楊廳長　　　　四廳一處陳處長

　　　　　四廳二處鄭處長　　五廳劉廳長

　　　　　軍務局汪高參

　　　　　新聞局鄧局長

　　　　　兵役局徐局長

　　　　　軍事研究組徐主任

　　　　　預幹局辦公室徐主任

　　　　　監察局彭局長

　　　　　史政局吳局長

　　　　　保安局唐局長
　　　　　合計三十一員
主　　席：次長林
紀　　錄：周善化

裁決事項

一、各單位對前方部隊所派之視察點驗校閱人員合併計劃，應於下次作戰會報時呈核並報告。（一、五廳會辦）

二、青訓隊之考核辦法應予各該隊人隊長妥議後即行呈核。（新聞局辦）

三、前定蘇北糧食中計劃大要及其實施，民事局應速呈報。

四、運城損失之軍需物資，聯勤總部速電第五兵站分監部確查詳報。

五、瀋陽軍糧之補充應由聯勤總部檢討，從速設法。

六、由塞班島運滬一萬噸軍品之運費，應由預算局會兵工署另造預算，專案呈請，其未奉核准前先由預算局陸續墊付。

七、海軍總部所需修艦經費，可由本年度預算內先行撥用一部。

八、卅六年十一月九日海道測量局淮陰測量艇由任家港至通洲沙途中遭受沿岸番號不明部隊之襲擊，三廳速電張司令官雪中查明具報。

訓示事項

一、兵役攸關事項之辦理：

（一）遵照主席歷次關於兵役之指示，速擬具體辦法呈核。

（二）長江以北國軍之兵員補充，以由管區派員協助之下，由各部隊就地徵調為原則。

（三）關於新兵運輸事宜，應由兵役局運輸署專設小組加強聯繫。（以上由兵役局主辦）

（四）利用地方正紳及退役軍官仿照過去「地方團練」之辦法編組地方自衛武力一節，望速擬具體辦法呈核。（新聞局會保安事務局辦）

二、如何抽編後方機關、部隊、學校可節減之公役以備使用於前方及編制以外之人員，如何設法消納使能符合於核定之員額，應於下次會報提出建議方案。（五廳辦）

作戰會報紀錄分送表

1 主席蔣	2 2 第三廳許副廳長
2 參謀總長陳	2 3 第四廳楊廳長
3 參謀次長林	2 4 第五廳劉廳長
4 參謀次長劉	2 5 兵役局徐局長
5 參謀次長方	2 6 新聞局鄧局長
6 國防次長秦	2 7 民事局王局長
7 國防次長劉	2 8 監察局彭局長
8 國防次長鄭	2 9 史政局吳局長
9 陸軍總部顧總司令	3 0 保安局唐局長
1 0 陸軍總部湯副總司令	3 1 預幹局蔣局長
1 1 陸軍總部林參謀長	3 2 總長辦公室錢主任
1 2 海軍總部桂代總司令	3 3 軍事研究組徐主任
1 3 海軍總部周參謀長	3 4 首都衛戍部司令
1 4 空軍總部周總司令	3 5 聯勤總部運輸署郗署長
1 5 空軍總部王兼參謀長	3 6 第二廳第三處林處長
1 6 聯勤總部郭總司令	3 7 第三廳第一處陳處長
1 7 聯勤總部趙參謀長	3 8 第三廳第二處曹處長
1 8 軍務局俞局長	3 9 兵工署楊署長
1 9 第一廳於廳長	4 0 四廳一處陳處長
2 0 第二廳侯代廳長	4 1 四廳二處鄭處長
2 1 第三廳羅廳長	4 2 附卷存查
	4 3 附卷存查

第八十三次作戰會報紀錄

時　　間：三十七年元月十四日十六時三十分

地　　點：參謀部會議室

出席人員：主席蔣　秦次長　劉次長　林次長

　　　　　方次長　鄭次長　劉參謀次長

　　　　　海軍總部桂代總司令

　　　　　聯勤總部郭總司令

　　　　　聯勤總部運輸署供應司李司長

　　　　　空軍總部第三署徐署長

　　　　　聯勤總部趙參謀長

　　　　　聯勤總部兵工署楊署長

　　　　　陸軍總部林參謀長

　　　　　衛戍部張兼司令

　　　　　預幹局辦公室徐主任

　　　　　一廳於廳長　　　　　二廳侯代廳長

　　　　　二廳三處林處長　　　三廳羅廳長

　　　　　三廳毛副廳長　　　　三廳一處陳處長

　　　　　三廳二處尹副處長　　四廳楊代廳長

　　　　　四廳一處陳處長　　　四廳二處鄭處長

　　　　　五廳劉廳長

　　　　　新聞局鄧局長

　　　　　兵役局鄭副局長

　　　　　監察局彭局長

　　　　　軍事研究組徐主任

　　　　　陸軍總部湯副總司令

　　　　保安事務局唐局長

　　　　民事局余副局長

　　　　史政局吳局長

主　　席：主席蔣

紀　　錄：周善化

裁決事項

一、陸軍及聯勤部隊之點驗校閱由各區新設之陸軍訓練處辦理，太原綏署部隊暫由該署自行點較，並於各地區陸軍訓練處組織職掌內增加「負責陸軍及聯勤部隊之點驗校閱事宜」。（五廳辦）

二、最近運城陷匪之前運出軍需品若干及存留若干，聯勤總部速查報。

三、海軍總部安慶巡防處近與駐軍懷寧之 202D 發生衝突，三廳速電戰地視察第六組查明具報。

四、應密切注意長春附近之匪軍動態，又東北行轅之情報工作甚差，應飭改進。（二廳辦）

五、應令李司令官良榮速赴臨沂主持魯南綏靖事宜。（三廳辦）

六、應令整 10D 續向南陽前進，並與 163B、9B 密切協同，以解鄧縣之圍。（三廳辦）

七、匪攻老河口時應令 104B 指揮地方團隊守城待援。（三廳辦）

八、104B（駐老河口）、60B（駐宜昌、沙市）所需械彈應速補充，尤須多發近戰之自動武器。（聯勤總部辦）

九、老河口機場應積極整修。（空軍總部辦）

十、應飭65D向荊紫關、淅川、西峽口方面進剿。（三廳辦）

十一、老河口（104B）、宜昌（60B）、九江（49B）、蕪湖（N13B）等地後調旅之缺額應儘速就地徵募，又其他後調旅亦須於二月十日以前補足。（兵役局會陸軍總部辦）

十二、青訓隊及其他各地俘虜應速零星撥補部隊，特需注意其中有無匪軍軍官及政工人員。（新聞局辦）

十三、後方醫院之病愈官兵應強迫歸隊或就近撥補後調旅。（陸總部會聯勤總部辦）

十四、由後調之153B（駐韶關）、154B（駐東莞）補充兵額中移撥五千人補充63D。（陸軍總部辦）

十五、聯勤總部由漢口待運鄭州之一〇〇噸軍品可交空軍總部空運。

十六、應令54D速開錦州。（三廳辦）

十七、包頭至榆林公路應速修好。（四廳會交通部辦）

十八、鄭州購糧應積極進行。（聯勤總部辦）

訓示事項

一、應速擬定長江以南人民自衛團組訓辦法，通飭各省主席鼓勵當地士紳及在鄉軍人迅切實施並以主席名義為組織人民自衛事發表告全國國民文告，以資號召。（保安事務局會新聞局、民事局辦）

二、爭取長江以北壯丁及食糧應由綏靖區司令官督飭人

民服務總隊分區負責，區內各師團長及新聞處擔任督導，並令戰地視察組派員視察其實施情形，必要時得強迫實施。（新聞局辦）

三、本（卅七）年二月至六月後方機關、學校應裁減現有員額百分之廿五，被裁人員需安置於直接、間接增強剿匪力量之方面，五廳速擬方案呈核。

四、前方各師應以一個團兵力編組為夜間行動隊，或每團一營、每營一連編組亦可，每晚襲擊距離三十－五十華里以內之匪。（如此輪流實施，提倡夜間行動，如戰績優異可報請特獎，由三廳擬定辦法呈核）

五、李師長振清視察安陽經過，應速令報告。（三廳辦）

六、駐洛陽之 1(R)／38D 及由胡主任指揮入晉之 55B 可適時調至鄭州集結歸制。（三廳辦）

七、歷次匪圍攻某一點時，我增援部隊常不能達成任務，其原因為逐次使用兵力或兵力過小所致，今後應切實改正，凡增援部隊須使可以擊破匪軍之充分兵力，並須列入教令。（三廳辦）

八、速電傳總司令著 62A 兼指揮交警兩個總隊，確保北寧路天津至榆關段之安全，並肅清鐵道兩側四十華里以內之匪軍，塘沽、大沽、秦皇島等地亦須加強警衛。（三廳辦）

九、應即令陳兼主任照原定計劃迅速打通北寧路及掃蕩錦州至瀋陽以南地區之匪。（三廳辦）

作戰會報紀錄分送表

1 主席蔣	22 第三廳許副廳長
2 參謀總長陳	23 第四廳楊廳長
3 參謀次長林	24 第五廳劉廳長
4 參謀次長劉	25 兵役局徐局長
5 參謀次長方	26 新聞局鄧局長
6 國防次長秦	27 民事局王局長
7 國防次長劉	28 監察局彭局長
8 國防次長鄭	29 史政局吳局長
9 陸軍總部顧總司令	30 保安局唐局長
10 陸軍總部湯副總司令	31 預幹局蔣局長
11 陸軍總部林參謀長	32 總長辦公室錢主任
12 海軍總部桂代總司令	33 軍事研究組徐主任
13 海軍總部周參謀長	34 首都衛戍部司令
14 空軍總部周總司令	35 聯勤總部運輸署郗署長
15 空軍總部王兼參謀長	36 第二廳第三處林處長
16 聯勤總部郭總司令	37 第三廳第一處陳處長
17 聯勤總部趙參謀長	38 第三廳第二處曹處長
18 軍務局俞局長	39 兵工署楊署長
19 第一廳於廳長	40 四廳一處陳處長
20 第二廳侯代廳長	41 四廳二處鄭處長
21 第三廳羅廳長	42 附卷存查
	43 附卷存查

第八十四次作戰會報紀錄

時　　間：三十七年元月十七日十六時三十分

地　　點：參謀部會議室

出席人員：主席蔣　秦次長　劉次長

　　　　　方次長　鄭次長　劉參謀次長

　　　　　海軍總部桂代總司令

　　　　　聯勤總部郭總司令

　　　　　聯勤總部運輸署趙署長

　　　　　空軍總部周總司令

　　　　　空軍總部第三署徐署長

　　　　　聯勤總部呂參謀長

　　　　　聯勤總部兵工署楊署長

　　　　　陸軍總部林參謀長

　　　　　預幹局賈副局長

　　　　　軍務局汪高參

　　　　　保安事務局唐局長

　　　　　總長辦公室蔡副主任

　　　　　運輸署調度室張主任

　　　　　一廳徐副廳長　　　　二廳侯代廳長

　　　　　二廳三處林處長　　　三廳羅廳長

　　　　　三廳許副廳長　　　　三廳毛副廳長

　　　　　三廳一處陳處長　　　三廳二處尹副處長

　　　　　四廳楊廳長　　　　　四廳一處陳處長

　　　　　四廳二處鄭處長　　　五廳石副廳長

　　　　　新聞局李副局長

        兵役局徐局長

        監察局彭局長

        軍事研究組徐主任

        陸軍總部湯副總司令

        民事局余副局長

        史政局吳局長

主　　席：主席蔣

紀　　錄：周善化

裁決事項

一、青訓隊及其他各地俘虜統撥補長江以南後調旅，
　　速擬計劃呈核。（新聞局會有關單位辦）

二、全國後方醫院之病愈官兵應強迫歸隊或就地撥補
　　後調旅，凡出院官兵可准支超級薪。（陸軍總部會
　　聯勤總部辦）

三、63D 缺額應於元月底前補齊。（兵役局辦）

四、組織人民自衛隊事發表告全國國民之文告應呈主
　　席親判。（新聞局辦）

五、包頭至榆林公路國防部應速設法修好，不必仰賴
　　交通部修築。（四廳辦）

六、鄭州方面應積極儘量購糧。（聯勤總部辦）

七、爭取長江以北壯丁及食糧應由綏靖區司令官督飭
　　人民服務總隊分區負責，區內各師團長及新聞處
　　擔任督導，並令戰地視察組派員視察其實施情
　　形，必要時得強迫實施一案，應於下次會報報告
　　辦理情形。（新聞局辦）

八、前方各師應編組夜間行動隊。（三廳辦）

九、58D 宿縣留守處廣佔民房，監察局即電魯師長澈查具報，並由聯勤總部會同憲兵司令部派員調查辦理。

十、裝甲兵訓練處仍予保留，改由國防科學委員會徐主任負責，兼任處長。

十一、84D 車輛應按編制補足。（聯勤總部辦）

十二、無線報話機易於洩漏機密，由第二廳切實糾正，並擬具限制使用辦法，凡不必要者一律收回。（二廳會聯勤總部辦）

訓示事項

一、據報空運補充 104B 之武器，因飛機大，老河口機場不能降落，故改空投，損壞一部武器，空軍總部應查究。

二、已令湘、浙、贛各省主席於配賦徵兵額外，須大量募兵，兵役局速與洽辦。

三、宿縣應設警備部，由交警第九總隊朱總隊長負責。（五廳辦）

四、洛陽似可亦設置警備司令部。（五廳會三廳研辦）

五、各單位應切實負責職掌以內之事，不可推拖，尤不應事事請示。

六、有線、無線電報應以匪軍竊聽後不僅無法獲悉本文，即報頭報尾亦無法譯出為原則，儘速改良密碼，並大量製發密碼機以保軍機。（二廳及聯勤總部辦）

七、黃汛區方面之兵團編組計劃，應速擬呈核。（三廳辦）

八、蘇北濱海一帶之匪巢應速計劃澈底破壞，關於軍政配合應飭遵重建綏區之命令辦理，並加強區內組織，控制區內人力、物力。（三廳辦）

九、後調旅不得以軍醫院為營房。（陸軍總部、聯勤總部辦）

作戰會報紀錄分送表

1 主席蔣	23 第五廳劉廳長
2 參謀總長陳	24 兵役局徐局長
3 參謀次長林	25 新聞局鄧局長
4 參謀次長劉	26 民事局王局長
5 參謀次長方	27 監察局彭局長
6 國防次長秦	28 史政局吳局長
7 國防次長劉	29 保安局唐局長
8 國防次長鄭	30 預幹局蔣局長
9 陸軍總部顧總司令	31 總長辦公室錢主任
10 陸軍總部湯副總司令	32 軍事研究組徐主任
11 陸軍總部林參謀長	33 首都衛戍部司令
12 海軍總部桂代總司令	34 聯勤總部運輸署趙署長
13 海軍總部周參謀長	35 第二廳三處林處長
14 空軍總部周總司令	36 第三廳一處陳處長
15 空軍總部王兼參謀長	37 第三廳二處曹處長
16 聯勤總部郭總司令	38 兵工署楊署長
17 聯勤總部呂參謀長	39 四廳一處陳處長
18 軍務局俞局長	40 四廳二處鄭處長
19 第一廳於廳長	41 三廳毛副廳長
20 第二廳侯代廳長	42 總長辦公室蔡副主任
21 第三廳羅廳長	43 第四廳楊廳長
22 第三廳許副廳長	44 附卷存查

第八十五次作戰會報紀錄

時　　間：三十七年元月二十一日十六時三十分
地　　點：參謀部會議室
出席人員：主席蔣　秦次長　劉次長
　　　　　方次長　鄭次長　劉參謀次長
　　　　　海軍總部桂代總司令
　　　　　聯勤總部郭總司令
　　　　　聯勤總部運輸署趙署長
　　　　　空軍總部周總司令
　　　　　空軍總部第三署徐署長
　　　　　聯勤總部呂參謀長
　　　　　聯勤總部兵工署楊署長
　　　　　陸軍總部林參謀長
　　　　　預幹局賈副局長
　　　　　軍務局汪高參
　　　　　保安事務局唐局長
　　　　　總長辦公室蔡副主任
　　　　　運輸署調度室張主任
　　　　　一廳徐副廳長　　　　　二廳侯代廳長
　　　　　二廳三處林處長　　　　三廳羅廳長
　　　　　三廳許副廳長　　　　　三廳毛副廳長
　　　　　三廳一處陳處長　　　　三廳二處尹副處長
　　　　　四廳楊廳長　　　　　　四廳一處陳處長
　　　　　四廳二處鄭處長　　　　五廳石副廳長
　　　　　新聞局李副局長

> 兵役局徐局長
>
> 監察局彭局長
>
> 軍事研究組徐主任
>
> 陸軍總部湯副總司令
>
> 民事局徐副局長
>
> 史政局吳局長

主　　席：主席蔣

紀　　錄：周善化

裁決事項

一、青訓隊撥補部隊之士兵如有違紀行為，該隊主官應
　　負責任，又各地俘虜如未經考察，不得隨便撥補。
　　（新聞局辦）

二、全國後方醫院傷病官兵及已愈未愈人數，聯勤總
　　部查報。

三、63D 缺額由廣東後調旅補充兵中撥補。（兵役局辦）

四、鄭州、開封、歸德、徐州及其他重要都市各師留
　　守處有無廣佔民房與違紀情事，均應查報，其佔
　　住限度應予以規定遵守。（監察局會聯勤總部辦）

五、裝甲兵編練總處可改為裝甲兵司令部，並增設補
　　給機構，速擬辦法呈核。（五廳辦）

六、無線電報話機除海軍艦艇、快速總隊、重砲兵團
　　可予配賦外，其他一律收回。又無線電報機應以每
　　營配發一部之標準籌劃增產，由聯勤總部辦理。

訓示事項

一、各單位每定一計劃、下一命令，應隨時加以督導，並考察其實施情形。

二、以後各單位凡因器材補充需要外匯者，須先妥定計劃與查明價格、確實預算，然後呈請外匯。

三、綏靖區司令官對轄區內之縣長有指揮、監督、賞罰、黜陟之權，三廳通飭遵照。

四、蘇北合德鎮能否停泊艦船，海軍總部速查報。

五、照 205D 現行編制，十二個師及十八個師所需武器裝備若干，應速統計籌劃。（四廳會聯勤總部辦）

第八十六次作戰會報紀錄

時　　間：三十七年元月二十四日十六時三十分

地　　點：參謀部兵棋室

出席人員：主席蔣　林次長　秦次長　劉次長

　　　　　方次長　鄭次長　劉參謀次長

　　　　　海軍總部桂代總司令

　　　　　海軍總部第三署胡副署長

　　　　　聯勤總部郭總司令

　　　　　聯勤總部呂參謀長

　　　　　聯勤總部運輸署趙署長

　　　　　聯勤總部兵工署楊署長

　　　　　空軍總部周總司令

　　　　　空軍總部第三署徐署長

　　　　　陸軍總部湯副總司令

　　　　　陸軍總部林參謀長

　　　　　預幹局賈副局長

　　　　　軍務局汪高參

　　　　　保安事務局唐局長

　　　　　總長辦公室錢主任

　　　　　一廳徐副廳長　　　二廳侯代廳長

　　　　　二廳三處林處長　　三廳羅廳長

　　　　　三廳許副廳長　　　三廳毛副廳長

　　　　　三廳一處陳處長　　三廳二處尹副處長

　　　　　四廳楊廳長　　　　四廳一處陳處長

　　　　　四廳二處鄭處長　　五廳劉廳長

　　　　　　新聞局李副局長

　　　　　　兵役局鄭副局長

　　　　　　監察局彭局長

　　　　　　軍事研究組徐主任

　　　　　　民事局王局長

　　　　　　史政局吳局長

　　　　　　總長辦公室蔡副主任

　　　　　　聯勤總部通信署吳署長

　　　　　　聯勤總部軍醫署吳副署長

主　　席：主席蔣

紀　　錄：周善化

裁決事項

一、關於快速縱隊應如左辦理：

　　甲、第三快速縱隊之配屬部隊可列為建制。（五廳辦）

　　乙、第一快速縱隊所缺車輛及通信器材應速核補。（聯勤總部辦）

　　丙、第一快速縱隊歸 5A 指揮，飭邱軍長辦員負責辦理。（三廳辦）

二、戰車第二團在滬之戰車及汽車零件器材等約 66 噸，准由空軍總部空運鄭州。（聯勤總部會空軍總部辦）

三、應於下關、浦口機動控制一個步兵團，準備隨時乘軍艦截擊偷渡長江散匪。（首都衛戍總部會海軍總部辦）

四、活動堡壘之製發、運輸、敷設應照預定計劃辦理，並須隨製隨發，隨運隨設，以期按時完成。（第四廳及聯勤總部辦）

五、凡陸續運到徐州之活動堡壘，應照計劃於元月底前裝好。（林次長電郭參謀長辦理）

六、准撥 300 輛新卡車用於徐州方面。（聯勤總部辦）

七、可改為裝甲汽車之水陸兩用吉普車准改裝後發給快速縱隊。（陸軍總部會聯勤總部辦）

訓示事項

一、第二線兵團應切實加緊督訓，務於半年內使成勁旅。（陸軍總部辦）

二、南京應構築工事。（首都衛戍部辦）

三、各單位應切實聯繫加強剿匪力量，對追剿兵團之補給應源源送達，並預為防匪阻礙截擊我補給線路之處置。（三廳會聯勤總部辦）

四、主管機關及推行政令之要領一書，應每週研讀一次。（副官局辦）

作戰會報紀錄分送表

1 主席蔣
2 參謀總長陳
3 參謀次長林
4 參謀次長劉
5 參謀次長方
6 國防次長秦
7 國防次長劉
8 國防次長鄭
9 陸軍總部顧總司令
10 陸軍總部湯副總司令
11 陸軍總部林參謀長
12 海軍總部桂代總司令
13 海軍總部周參謀長
14 空軍總部周總司令
15 空軍總部王兼參謀長
16 聯勤總部郭總司令
17 聯勤總部趙參謀長
18 軍務局俞局長
19 第一廳於廳長
20 第二廳侯代廳長
21 第三廳羅廳長
22 第三廳許副廳長

23 第四廳楊廳長
24 第五廳劉廳長
25 兵役局徐局長
26 新聞局鄧局長
27 民事局王局長
28 監察局彭局長
29 史政局吳局長
30 保安局唐局長
31 預幹局蔣局長
32 總長辦公室錢主任
33 軍事研究組徐主任
34 首都衛戍部司令
35 聯勤總部運輸署趙署長
36 第二廳三處林處長
37 第三廳一處陳處長
38 第三廳二處曹處長
39 兵工署楊署長
40 四廳一處陳處長
41 四廳二處鄭處長
42 附卷存查
43 附卷存查

第八十七次作戰會報紀錄

時　　間：三十七年元月二十八日十六時三十分

地　　點：兵棋室

出席人員：主席蔣　林次長　劉次長

　　　　　秦次長　方次長　鄭次長

　　　　　陸軍總部林參謀長　海軍總部周參謀長

　　　　　空軍總部周總司令　聯勤總部張副總司令

　　　　　聯勤總部呂參謀長　總長辦公室錢主任

　　　　　軍務局毛副局長　　二廳侯代廳長

　　　　　二廳三處張副處長　三廳羅廳長

　　　　　三廳許副廳長　　　三廳毛副廳長

　　　　　三廳一處陳處長　　三廳二處尹副處長

　　　　　四廳楊廳長　　　　五廳劉廳長

主　　席：主席蔣

紀　　錄：周善化

裁決事項

一、74D 應按預定計劃集中，73D 應即集中於泰安－
兗州間鐵道沿線為總預備隊，準備依狀況隨時向
徐州以南地區機動，48D 應即以主力向葉家集附近
地區集結，進索郭陸灘之匪而截擊之，18A 及 10D
按預定計劃集中後向遂平附近躍進，特需搜索鄲
城方面匪情，5A 配屬第一快速縱隊之一個團，應
即歸制，76B 及 2000+／3D 即由漢車運確山待命，
T23D 以 1(B) 開六合（其主力仍駐黃橋），另由首

都衛戍部抽一個團開六合，統由首都衛戍部隊指揮清剿天長、六合地區散匪，203D 駐小池口之 2B 即開浦口接替 74D 蚌埠－浦口鐵道守備任務。（三廳辦）

二、85D 應即向北進剿，收復鍾祥、隨棗，機動使用，準備策應平漢南段及南陽方面之作戰，又該師應於漢水以南以西地區適宜留置電台，以便祕密我軍行動，至漢水以南以西之散匪，由武漢行轅妥為部署派隊清剿。（三廳辦）

三、江西省保安司令部仍應以三個保安團接替安慶、孔瓏、武穴等地防務，該團補給由聯勤總部負責。（三廳及聯勤總部辦）

四、應另派一個營接替浦東 1(R)／63D 防務，102B（後調旅）應於二月底前接替義烏 1(R)／63D 防務，該團等於交防後即開南京歸制。（三廳辦）

五、蘇北大中集剿匪有功人員應即核獎並予宣傳。（三廳及新聞局辦）

六、首都衛戍總部江北轄境應重新調整。（三廳研辦）

七、「太上」具體作戰計劃奉准後，應令有關部隊之幕僚長來京受領命令。（三廳辦）

八、「太上」作戰一切保密伴動設施，應於二月十號前完成準備。（二廳辦）

訓示事項

一、非有命令，指定為匪巢之村鎮不得澈底破壞，所俘匪軍物資由聯勤總部收購，價款移作賞金，非

不得已外，不准焚燬。（三廳及聯勤總部辦）

二、「太上」作戰計劃由於徐州司令部負責實施，指
導上僅求貫澈本計劃之致勝點，細部無庸干涉，
所謂致勝點，即以預定之基幹兵團為核心，劃定
其威力圈，並以機動部隊為外圍衛星，互相策應，
彼此掩護，我進一天，匪逃竄必走數天，以餓匪疲
匪辦法，索匪進剿，匪求戰時，我兵團應速進合圍
猛打，匪避戰時，我則分區澈底掃蕩匪巢，穩進
穩打，豫西方面以 3D 守南陽，使 85D、65D、9D
之行動與本計劃相配合，尤其後勤部分應預為充分
準備。（三廳會聯勤總部辦）

作戰會報紀錄分送表

1 主席	1 3 總長辦公室錢主任
2 白部長	1 4 二廳侯代廳長
3 陳總長	1 5 三廳羅廳長
4 林次長	1 6 四廳楊廳長
5 劉參謀次長	1 7 五廳劉廳長
6 方次長	1 8 新聞局鄧局長
7 鄭次長	1 9 三廳許副廳長
8 軍務局代表	2 0 三廳毛副廳長
9 陸軍總部湯副總司令	2 1 三廳一處陳處長
1 0 海軍總部桂代總司令	2 2 三廳二處曹處長
1 1 空軍總部周總司令	2 3 附卷存查
1 2 聯勤總部郭總司令	

第八十八次作戰會報紀錄

時　　間：三十七年二月十一日十六時
地　　點：兵棋室
出席人員：部長白　林次長　劉次長　方次長
　　　　　陸軍總部湯副總司令　海軍總部桂代總司令
　　　　　空軍總部周總司令　　聯勤總部郭總司令
　　　　　總長辦公室車副主任
　　　　　國防部九江指揮部趙副參謀長
　　　　　二廳侯代廳長　　　　三廳許副廳長
　　　　　三廳毛副廳長　　　　四廳楊廳長
　　　　　五廳劉廳長　　　　　二廳三處林處長
　　　　　三廳一處盧副處長　　三廳二處尹副處長
　　　　　新聞局鄧局長
主　　席：部長白
紀　　錄：周善化

裁決事項

一、鄭州及南陽方面所需械彈，除不得已外，以不用空
　　運為宜，至軍糧似可改發代金，應由現地購買。
　　（聯勤總部研辦）
二、63D 首都防務以不交 2B ／ 202D 接替為宜。（三廳
　　研辦）
三、廣東後調旅可否接替 69D 防務（三廳會陸軍總部
　　研辦）
四、本年度新兵服裝費請主席指撥一部，其餘呈請行

政院核發，又庫存日本軍服應設法利用。（聯勤總
部辦）

五、漢口應多做活動堡壘，以備平漢線之用。（聯勤總
部辦）

訓示事項

一、安陽、臨汾及其他孤立據點應否繼續固守，應對
全般戰略檢討呈核。（三廳研辦）

二、目下華中戰場似應區分為華中、華東兩大部份，
又周家口應以有力部隊堅工固守，確實遮斷劉伯
承、陳毅聯絡。（三廳研辦）

三、海軍江防艦隊應加強通信設備，尤須多配報話兩
用機。（海軍總部辦）

四、青年軍應加強精神教育，並以營為單位，配屬一般
部隊作戰，實行戰場訓練，重要幹部須加檢討。
（預幹局辦）

五、後調旅中之下級幹部，如有青年軍出身者，應考
察其有無再受軍官教育之必要。（陸軍總部會預幹
局辦）

作戰會報紀錄分送表

１主席
２白部長
３陳總長
４林次長
５劉參謀次長
６方次長
７鄭次長
８軍務局代表
９陸軍總部湯副總司令
１０海軍總部桂代總司令
１１空軍總部周總司令
１２聯勤總部郭總司令
１３總長辦公室錢主任
１４二廳侯代廳長
１５三廳羅廳長
１６四廳楊廳長
１７五廳劉廳長
１８新聞局鄧局長
１９三廳許副廳長
２０三廳毛副廳長
２１三廳一處陳處長
２２三廳二處曹處長
２３附卷存查

第八十九次作戰會報紀錄

時　　間：三十七年二月十八日十六時

地　　點：兵棋室

出席人員：部長白　林次長　劉次長

　　　　　方次長　鄭次長

　　　　　陸軍總部林參謀長　　海軍總部桂代總司令

　　　　　空軍總部周總司令　　聯勤總部郭總司令

　　　　　總長辦公室錢主任

　　　　　國防部九江指揮部趙副參謀長

　　　　　二廳侯代廳長　　　　三廳許副廳長

　　　　　四廳楊廳長　　　　　五廳劉廳長

　　　　　二廳三處林處長　　　三廳一處盧副處長

　　　　　三廳二處尹副處長　　新聞局鄧局長

　　　　　三廳毛副廳長

主　　席：部長白

紀　　錄：周善化

裁決事項

一、南陽飛機場可起飛何種飛機，應速查報。（空軍總
部辦）

二、本（卅七）年新兵服裝費，速簽請行政院核發，並
先由本年夏季軍服費內墊撥一部，趕製新兵服裝。
（聯勤總部辦）

三、海軍江防艦隊所需報話兩用機，可速配發。（海軍
總部、聯勤總部洽辦）

四、衛總司令請發之流通卷應速運瀋陽。（聯勤總部會
　　財政部辦）

五、隴海路小埧至蘭封段，俟魯西會戰結束後修復。
　　（四廳辦）

六、整 15D 開南陽。（三廳辦）

七、北平待運東北彈藥應速啟運。（聯勤總部、空軍總
　　部洽辦）

八、東北屯墾隊應速檢討，擬案呈核。（聯勤總部辦）

九、保安團械彈，行政院允撥預算，請兵工署代為增
　　產。（聯勤總部研辦）

訓示事項

一、關於軍費問題，可召開臨時軍政聯席會議研究辦
　　理。（聯勤總部辦）

二、部隊搶購戰地糧食辦法，應速摘呈大要。（四廳辦）

三、本星期六（廿一）上午行政院總體戰研究會議，請
　　三廳許副廳長、新聞局鄧局長出席，並由新聞局
　　參酌王鳳岡及宛西團隊之補給補充辦法，對國軍
　　爾後補給補充提出具體改進意見。

作戰會報紀錄分送表

1 主席	13 總長辦公室錢主任
2 白部長	14 二廳侯代廳長
3 陳總長	15 三廳羅廳長
4 林次長	16 四廳楊廳長
5 劉參謀次長	17 五廳劉廳長
6 方次長	18 新聞局鄧局長
7 鄭次長	19 三廳許副廳長
8 軍務局代表	20 三廳毛副廳長
9 陸軍總部湯副總司令	21 三廳一處陳處長
10 海軍總部桂代總司令	22 三廳二處曹處長
11 空軍總部周總司令	23 附卷存查
12 聯勤總部郭總司令	

第九十次作戰會報紀錄

時　　間：三十七年二月二十五日十六時

地　　點：兵棋室

出席人員：部長白　林次長　劉次長

　　　　　方次長　鄭次長

　　　　　陸軍總部湯副總司令　海軍總部桂代總司令

　　　　　空軍總部周總司令　　聯勤總部郭總司令

　　　　　總長辦公室車副主任　二廳侯代廳長

　　　　　三廳許副廳長　　　　三廳毛副廳長

　　　　　四廳楊廳長　　　　　五廳劉廳長

　　　　　新聞局魏副局長

　　　　　國防部九江指揮部趙副參謀長

　　　　　二廳三處林處長　　　三廳一處盧副處長

　　　　　九江指揮部陳副處長

主　　席：部長白

紀　　錄：周善化

裁決事項

一、整 15D 械彈可緩發。（聯勤總部辦）

二、東北屯墾隊如何收容安插。（部本部人力計劃司
　　研辦）

三、蘇北作戰按徐州司令部預定計劃辦，63D 迅速集
　　中，準備進出天長截擊由蘇北西竄之匪。（三廳辦）

四、大別山方面作戰，25D 接替 48D 防務，以 48D、
　　58D、10D、20D 一部歸張軫（進駐璜川）統一指

揮圍剿由黃汎區南竄之匪。（三廳辦）

五、預定空運營口之催淚彈改運瀋陽，爾後相機轉運
營口，82黃磷迫擊砲彈緩運東北。（聯勤總部辦）

六、華中作戰指導方案呈部長閱，總體戰準備方案提
出 65 次參謀會報報告。（三廳辦）

七、東北請增派運輸機可囑就近逕與王副總司令洽辦。
（四廳辦）

八、令二綏區遵照主席手令，以現有國軍保安團及自衛
隊迅速編組三個挺進總隊進出黃河以北，暫不另
設編制，至發動青年從軍部份，另案辦理，挺進
部隊可酌發臨時經費。（五廳辦）

訓示事項

一、永吉、長春、安陽等處守軍，應以各該地為根據，
向匪後發動廣範圍之游擊戰爭。（三廳辦）

二、運補東北補充之武器刻至何處，應速查報，又預
定撥發各省保安團之待修武器可否交各省自行修
理。（聯勤總部辦）

三、各部隊報話機應速簽請主席免收。（四廳辦）

四、陸海空軍之通信器材現狀及保密情形，應各檢討擬
具改進辦法呈核。（聯勤、空軍、海軍各總部辦）

五、二月十四日以後之作戰及參謀會報並其辦理情形，
應呈報主席。（三廳辦）

作戰會報紀錄分送表

1 主席　　　　　　　　13 總長辦公室錢主任
2 白部長　　　　　　　14 二廳侯代廳長
3 陳總長　　　　　　　15 三廳羅廳長
4 林次長　　　　　　　16 四廳楊廳長
5 劉參謀次長　　　　　17 五廳劉廳長
6 方次長　　　　　　　18 新聞局鄧局長
7 鄭次長　　　　　　　19 三廳許副廳長
8 軍務局代表　　　　　20 三廳毛副廳長
9 陸軍總部湯副總司令　21 三廳一處陳處長
10 海軍總部桂代總司令　22 三廳二處曹處長
11 空軍總部周總司令　　23 附卷存查
12 聯勤總部郭總司令

第九十一次作戰會報紀錄

時　　間：三十七年三月三日十六時

地　　點：兵棋室

出席人員：部長白　林次長　劉次長

　　　　　方次長　鄭次長

　　　　　陸軍總部林參謀長　海軍總部桂代總司令

　　　　　空軍總部周總司令　聯勤總部郭總司令

　　　　　二廳侯代廳長　　　三廳羅廳長

　　　　　三廳許副廳長　　　四廳楊廳長

　　　　　五廳劉廳長　　　　政工局鄧局長

　　　　　三廳二處曹處長　　二廳三處林處長

　　　　　三廳一處盧副處長

主　　席：部長白

紀　　錄：周善化

裁決事項

一、陸空軍通信器材共同部份以由聯勤總部籌補，又
　　聯勤總部現有通信器材，如有適於空軍用者，可
　　先撥交空軍總部。（聯勤總部及空軍總部辦理）

二、陸海軍視號通信應有統一規定。（聯勤總部會海軍
　　總部辦）

三、荷蘭無線電公司於我國設廠製造問題。（鄭次長通
　　知六廳龔副廳長及聯勤總部通信兵署吳署長與荷
　　蘭公司會談）

四、東北方面對匪之後方要點應行戰略轟炸，速擬實

施計劃呈核。（三廳會二廳及空軍總部研辦）

五、中字 165 號登陸艇於二月廿八日由葫蘆島開營口，致陷匪手，應查明責任報核，又海軍應設法救回該艇，或予擊沉，免資匪用。（聯勤總部及海軍總部辦）

六、整 9D 之 76B 可待快速縱隊編成後歸建。（三廳辦）

七、可派機送王司令官凌雲由南陽至鄭州、洛陽等地一行。（空軍總部辦）

八、總體戰研究會議召集辦法、議事日程俟部長請示主席後再辦。

訓示事項

一、整 5B 如何調動編配。（三廳有關單位研辦）

二、正在作戰或將要作戰部隊之重要人員應緩調訓。（五廳辦）

三、現在前方士兵全副裝備品及重量即調查列表呈閱。（聯勤總部辦）

四、對改良裝備可召集會議研討。（聯勤總部辦）

五、奸匪毛澤東著之中國革命的戰爭之戰略問題，應速研究對策。（三廳辦）

第九十二次作戰會報紀錄

時　　間：三十七年三月六日十六時

地　　點：兵棋室

出席人員：主席蔣　部長白　林次長

　　　　　劉次長　方次長　鄭次長

　　　　　陸軍總部湯副總司令　海軍總部桂代總司令

　　　　　空軍總部周總司令　　聯勤總部郭總司令

　　　　　總長辦公室錢主任　　政工局鄧局長

　　　　　軍務局尹高參　　　　第二廳侯廳長

　　　　　第三廳羅廳長　　　　第四廳楊廳長

　　　　　第五廳劉廳長　　　　第二廳趙副廳長

　　　　　二廳三處林處長　　　三廳李副廳長

　　　　　三廳毛副廳長　　　　三廳二處曹處長

　　　　　三廳一處盧副處長

主　　席：主席蔣

紀　　錄：周善化

裁決事項

一、西北方面應由西北行轅統一指揮，並電張主任速
　　赴西安一行。（三廳辦）

二、軍馬應於西北等地籌購。（聯勤總部辦）

三、應頒發部隊出賣槍支之禁律，但其繳獲匪軍之械彈，
　　可售與地方團隊，價款移作獎金。（聯勤總部辦）

四、79 械彈可向外國洽購。（聯勤總部辦）

五、四川保安團應積極訓練。（保安局辦）

六、研究匪軍電台動態，應綜合三廳戰報詳細分析。
（三廳辦）

七、影響軍譽及士氣之新聞應予禁載。（政工局辦）

八、由商邱運開封之汽油，應電顧總司令派兵確實發
運。（三廳辦）

九、應速進剿天長、六合及徐州東南附近之殘匪。（三
廳辦）

十、13B 可開開封接替城防，72D 應速開徐州，25D
應速將防務交 48D 接替後，即開津浦南段機動控
置。（三廳辦）

訓示事項

一、抗戰勝利後剿匪以來，匪我兵力消長及彼此損失
狀況應列表呈主席閱。（三廳會二廳辦）

二、總體戰方案應抄送有關單位參考。（三廳辦）

三、應速擬確保京滬治安及華中分區進剿計劃呈核。
（三廳辦）

四、速將東北、西北之空番號分佈於川、陝、湘、贛各
省，積極補訓，務於本（三七）年底前練成十二個
整編師，速擬計劃呈核。（五廳主導）

五、京滬憲兵應予增加，各處憲兵勤務調整，至少再
抽調二至三團以上之兵力集中京滬。（三廳會憲兵
司令部辦）

六、如何建立部隊監軍制度，使部隊得以澈底奉行命
令。（軍務局研辦）

七、如何增進政工及部隊經理與功過獎懲委員會之效

　　率，應速擬案呈核。（政工局辦）

八、各級指揮官應不直接負經理責任，速擬改進辦法
　　呈核。（聯勤總部等）

九、應根據總體戰方案速擬綏靖區足食足兵足械組軍具
　　體辦法呈核。（四廳、五廳、兵役局、保安局、聯
　　勤總部辦）

十、以上各種方案須於三月十五日以前呈核。

第九十三次作戰會報紀錄

時　　間：三十七年三月十日十六時

地　　點：兵棋室

出席人員：缺

主　　席：部長白

紀　　錄：彭秉彝

裁決事項

一、頒發部隊出賣槍枝之禁律（四廳辦），至各部隊繳獲匪軍之械彈，應另定呈繳與給獎辦法。（聯勤總部研擬辦法呈核）

二、報載本部會報情形及 8A 調防消息，應速澈查。（二廳、保密局及政工局辦）

三、將東北、西北空番號於本年編裝十二個整編師及兩個騎兵師，其所需械彈、被服、馬匹等以自給自足先行計劃裝備為原則，待外援到達後再研擬整個方案。（四廳會五廳再研究呈核）

四、本部定於（三）月十三日舉行綏靖會議之預備會議。（政工局準備）

五、修築煙台機場民工食糧，可請糧食部由軍糧儲備糧項下開支。（四廳辦）

六、臨汾空運西安之部隊，暫停實施。

七、蘇機威脅我陳納德運輸機事，先搜集照片研究後再議。（空軍總部辦）

訓示事項

一、奸匪毛澤東著之中國革命之戰爭之戰略問題，除
　　三廳研究外，高級將領均須研究。

二、天長、六合之匪應令林師長親率六十三師迅速前往
　　清剿，並將202D之一旅調回擔任護路。（三廳辦）

三、美援國防物資應組織委員會處理其事，由徵購司
　　研擬組織規程，陸海空軍應各提出具體方案（四
　　廳、空軍總部、聯勤總部、海軍總部擬辦）

第九十四次作戰會報紀錄

時　　間：三十七年三月二十四日十時
地　　點：兵棋室
出席人員：林次長　秦次長　劉次長
　　　　　方次長　鄭次長
　　　　　陸軍總部林參謀長　海軍總部桂代總司令
　　　　　空軍總部周總司令　聯勤總部郭總司令
　　　　　軍務局汪高參　　　二廳侯廳長
　　　　　三廳羅廳長　　　　四廳楊廳長
　　　　　五廳劉廳長　　　　政工局鄧局長
　　　　　總長辦公室錢主任　三廳許副廳長
　　　　　三廳毛副廳長　　　三廳李副廳長
　　　　　二廳三處林處長
主　　席：次長林
紀　　錄：周善化

裁決事項

一、部隊私賣槍支禁律，應照現行軍法規定重新通令實施，同時頒佈檢舉辦法，獎勵告密。（四廳辦）

二、修築煙台機場民工食糧，先商請糧食部在運東北之糧食中暫借二千包，交聯勤總部運煙台撥用。（四廳辦）

三、關於辦理接收美援物資及其有關軍用物資，除槍砲彈藥外，其他應由軍事機關接收部分，由鄭次長與有關單位組織小組辦理。（鄭次長辦）

四、35D 應速南下協同 5A 剿肥城安駕莊一帶匪軍，爾後依情況進入新計劃之配置，1(B)／63D 即向南山河以北地區進剿，7PA 應即以一部由淮陰向南堵剿，25D 主力迅速清剿天長、六合、盱眙一帶殘匪，其後續 2(R) 應開浦鎮機動。

74D 全部集中阜陽，至進剿洪河南北地區劉伯承匪之作戰計劃，除 18B 仍須護送 76B 至漢陽歸建外，餘照白部長寅梗戌機邱電辦理，9B 應即進出唐河接應 76B，並令 85D 即進出隨縣、棗陽，準備策應南陽方面作戰。

G1D 應速開秦皇島，暫控制榆關、天津間地區機動，19B 視船舶狀況，以逐次撤出為宜。（三廳辦）

五、董口附近若決堤，其泛區及可能影響如何。（四廳辦）

六、88D 如何編配，俟請示主席後再議。（林次長辦）

七、最近綏靖會議議決案，除土地問題應先簽請主席核示外，其餘即可分別辦理。（政工局辦）

八、綏靖區增設之經濟處及運輸科，其編制及預算應速擬案呈核。（五廳、預算局辦）

九、本部招待所應加整理，以便招待來京將領，又奉召來京之重要將領應住於本部招待所或勵志社內，不宜寄居其他旅館飯店。（總務局辦）

十、由聯勤總部撥砲四門（以不適於野戰者為限），交海軍總部加強劉公島防務。（海軍總部辦）

十一、可撥發 1000 人之被服，交海軍總部用於長山八島方面。（聯勤總部、海軍總部辦）

十二、警衛部隊及各部隊勤務單位可酌發卡平槍。（四
　　　廳注意）

十三、部隊現行步槍配賦數，似應視宜減少。（四廳辦）

訓示事項

一、全般作戰訓練補給計劃，速擬呈核。（三廳、四廳、
　　五廳辦）

二、應速電衛總司令擬呈長春保衛計劃，又東北空軍
　　戰略轟炸應加緊實施，對交通破壞應注重攻擊機
　　車。（三廳、空軍總部辦）

三、岐口、珵■口應予嚴密封鎖，並破壞匪軍登陸行
　　動。（海軍總部辦）

四、據報陳毅匪部有策應華北作戰企圖，應速查明情
　　報來源，並繼續綿密偵察該匪行動。（二廳辦）

第九十五次作戰會報紀錄

時　　間：三十七年三月三十一日十六時

地　　點：兵棋室

出席人員：部長白　劉次長　方次長　鄭次長

　　　　　陸軍總部湯副總司令

　　　　　海軍總部第三署宋署長

　　　　　空軍總部周總司令

　　　　　聯勤總部郭總司令

　　　　　二廳侯廳長　　　三廳羅廳長

　　　　　四廳楊廳長　　　五廳劉廳長

　　　　　政工局鄧局長　　三廳許副廳長

　　　　　三廳毛副廳長　　三廳李副廳長

　　　　　三廳一處陳處長　二廳三處林處長

主　　席：部長白

紀　　錄：周善化

裁決事項

一、美國援華之軍事貸款，陸海空軍分配之比例如何，
　　又其經濟暨援華之貸款中如何方可轉移一部用於
　　軍事方面。（林次長研辦）

二、應儘速洽請美國於軍事貸款項下先撥購機槍及步槍
　　若干。（鄭次長辦）

三、56D／92A開天津，G1D開葫蘆島。
　　令16PA霍司令官於沙市設立指揮所統一指揮。
　　江漢區國軍及地方團隊限兩個月內肅清該區域內

之殘匪。

28D 應推進固始附近，封鎖淮河，堵擊南北流竄匪軍。

1(B)／63D 指揮 1(R)／188B 應跟蹤追剿由明光越鐵路西竄殘匪，並令 8PA 由合肥派隊向東北方面實行堵剿。

應以皖南黃山為中心，劃建一個綏靖區歸衢州綏署指揮。

應令 8A 派一營或兩個連配屬海軍駐防劉公島。

刻駐榆林之 2(R)／83B 以不轉用西安為宜，似可簽請主席核示。（以上三廳研辦）

四、整 72D 增設之一個補充團，可不配發武器。（聯勤總部辦）

五、綏靖區新近增設政治經濟機構之首長人選如何決定，應速擬案呈核。（一廳會政工局辦）

六、52D 戰力、紀律及師長能力均甚差，應如何予以改進。（一廳研辦）

訓示事項

一、東北多餘械彈似可撥補華北方面。（聯勤總部研辦）

二、大別山方面之滕家堡、僧塔寺及宣化等地似應設立縣治。（政工局辦）

三、十一兵工廠應速加工製造手榴彈及子彈，價發地方團隊，以便充實地方自衛武力，又待修槍枝似可發給各省保安司令部，飭其自行修理。（聯勤總部研辦）

第九十六次作戰會報紀錄

時　　間：三十七年四月七日十六時三十分

地　　點：兵棋室

出席人員：部長白　次長林　次長劉

　　　　　次長方　次長鄭

　　　　　陸軍總部湯副總司令　海軍總部桂代總司令

　　　　　聯勤總部郭總司令　　總長辦公室錢主任

　　　　　二廳侯廳長　　　　　三廳羅廳長

　　　　　四廳楊廳長　　　　　五廳劉廳長

　　　　　政工局鄧局長　　　　三廳許副廳長

　　　　　三廳毛副廳長　　　　三廳李副廳長

　　　　　空軍總部第三署徐署長

　　　　　兵工署楊署長　　　　二廳三處林處長

主　　席：部長白

紀　　錄：周善化

裁決事項

一、追剿由阜陽西竄匪軍，應照原定計劃實施，又 18A
　　前進遲滯，應予查究。（三廳辦）

二、綏靖會議決議案及所需成立保安團隊經費，可以
　　部長名義簽請行政院迅予批准發表。（政工局辦）

三、南京自衛隊可酌發械彈。（保安局辦）

訓示事項

一、黃河鐵橋應加強防衛。（三廳辦）

二、85D 應集中機動使用，切忌分割建制。（三廳辦）

第九十七次作戰會報紀錄

時　　間：三十七年四月十四日十六時

地　　點：兵棋室

出席人員：部長白　次長林　次長劉

　　　　　次長方　次長鄭

　　　　　陸軍總部湯副總司令　海軍總部桂代總司令

　　　　　空軍總部周總司令　　聯勤總部郭總司令

　　　　　總長辦公室錢主任　　二廳侯廳長

　　　　　三廳羅廳長　　　　　四廳楊廳長

　　　　　五廳劉廳長　　　　　政工局鄧局長

　　　　　三廳毛副廳長　　　　三廳李副廳長

　　　　　二廳三處林處長　　　三廳一處陳處長

　　　　　三廳三處周處長

主　　席：部長白

紀　　錄：周善化

裁決事項

一、保安團隊經費可以部長名義簽請行政院迅予核發。
　　（保安局辦）

二、青島及濟南方面之國軍，應各以主力向昌樂、濰
　　縣附近之匪行牽制攻擊，並轉移煙台守軍一部於青
　　島，以便加強行動，空軍應日夜支援濰縣守軍作
　　戰，另增調轟炸機至濟南作戰，並由二廳運用心
　　理戰眩惑匪軍。（三廳、二廳、空軍總部辦）

三、安康附近之作戰在援軍未達到前，空軍先予支

援，洛川應即空投糧彈，轟炸臨汾、東關，以不用重轟炸機宜，派空運機至太原空投臨汾械彈。（空軍總部辦）

四、58D 仍歸張軫指揮，138B ／ 48D 仍於三河尖附近積極掃蕩，18A 應以一部佔領周家口，堅工固守。（三廳辦）

五、可各發 1PA、7PA 應用架橋材料若干。（聯勤總部辦）

六、可令各地衛戍警備及保安部隊，對受奸匪指使之暴動得予適宜處置，又中統局、軍統局之工作人員應受所在地治安主要負責人之指導。（政工局、二廳辦）

七、擱淺於遼河口之北極號破冰船，應速設法拖回。（海軍總部辦）

八、保安局團隊械彈應予點驗後發給。（保安局、聯勤總部辦）

九、15D 改編為保安旅後，其械彈可照發。（聯勤總部辦）

十、應將改造七九步槍發生膛炸原因，通令各部隊知照。（聯勤總部辦）

十一、空運太原物資日用品所佔之噸位過多，應請交通部予以核減。（聯勤總部辦）

訓示事項

一、陝北匪軍有否轉移臨汾方面，應速查報。（二廳辦）

二、64D 械彈應速發。（聯勤總部辦）

三、應速令霍司令官揆彰剋日返防。（三廳辦）

四、空投困難情形及空投場最小之面積，應通令各部
　　隊知照，並於中訓團增列此項課目，使受訓將校
　　深切了解，又空軍於奉到礙難實行之命令時，應
　　速具申意見。（空軍總部辦）

五、即將召集前方各將領之剿匪戰術訓練，應由四廳
　　速辦教育訓練計劃，並一面積極充分妥為準備教
　　材及遴選教官，一面以部長名義簽請主席免予召
　　訓，於擬定計劃後派出主管人員實行巡迴教育，
　　以免影響作戰。（五廳辦）

六、中訓團目下教育情形應予檢討，簽請主席核示，
　　又軍官及軍隊之教育應逐漸納入正軌，訓練處應
　　主管督訓，並解決部隊訓練上之困難，其實施應
　　由部隊行之。（五廳辦）

七、各作戰部隊作戰相當時間後，應予輪流調至前方
　　各重要據點以整訓，以便恢復並增強其戰力。
　　（三、五廳辦）

八、部隊雨具應速籌備核發，以利作戰。（聯勤總部辦）

第九十八次作戰會報紀錄

時　　間：三十七年四月二十一日十六時

地　　點：兵棋室

出席人員：次長林　　次長方　　次長鄭　　湯副總司令

　　　　　周參謀長　周總司令　郭總司令　錢主任

　　　　　侯廳長　　羅廳長　　楊廳長　　劉廳長

　　　　　鄧局長　　毛副廳長　李副廳長　林處長

　　　　　周處長

主　　席：次長林

紀　　錄：周善化

裁決事項

一、訓練處對調訓部隊及新兵部隊應直接負責訓練，
　　對於轄區內之其他部隊之訓練仍由各該部隊長自
　　行負責，而訓練處則只負責督導之責，又對於
　　軍官訓練團仍作召訓準備，教材與教官須趕快妥
　　定，至對於一般部隊之訓練，由第五廳頒發綱要
　　交陸軍總部擬具計劃轉飭實施。（第五廳辦）

二、52D 師長已否交接，應即報告，爾後師長交接時
　　應派員監督，並將交接情形具報。（一廳辦）

三、2(R)／75D 調安康一案，本部速電通知重慶行轅
　　照辦。（三廳辦）

四、57D、N7B 應積極訓練。（陸軍總部辦）

五、主動放棄延安，應予宣傳。（政工局辦）

六、洛川應空投軍糧，又 83B 在榆林之 2(R) 空運西

安，已簽請主席核示。（空軍總部準備）

七、東北方面之作戰準備，應有小組時常研究檢討。
　　（三廳會有關單位辦）

八、大凌河之永久橋梁應於水漲以前修復，公路軍橋
　　由國軍架設，但其永久橋梁及鐵道便僑則由交通
　　部辦理，並準備充分材料適時修護錦州－新民間
　　之交通，至修路掩護問題，由范兵團負責，即以
　　主席名義電飭遵照。（四廳辦）

九、空軍總部擬增編警衛部隊案，可在三千名內行之
　　（械彈自給，被服聯勤總部撥），並予補足現有各
　　團之缺員，各節准照辦。（五廳、四廳、兵役局、
　　空軍總部、聯勤總部辦）

十、葫蘆島待運瀋陽之少數械彈，除彈藥照運外，武
　　器應留補錦州方面之部隊。（聯勤總部辦）

十一、向瑞典及加拿大購買七九槍彈，應積極進行，所
　　　需外匯請部催院速照撥。（鄭次長及聯勤總部辦）

十二、錦州所用之機場跑道鋼板交接及運輸問題，由
　　　空軍、聯勤兩總部洽辦。

十三、寶雞兵工廠可遷西安。（聯勤總部）

十四、何世禮目下負東北方面後勤之責，同時又任軍隊
　　　之指揮，可先向范司令如必須何兼任指揮時，則
　　　須設立機構。（三廳會五廳研辦）

十五、參謀及作戰會報下星期擬改為星期三、六上午
　　　十時舉行，但須先請示部長核定，若主席親臨
　　　主持時，仍為午後四時舉行。（兵棋室辦）

訓示事項

一、中訓團軍官訓練班用之教材與教官，應速準備定
　　當。（五廳辦）

二、目前空運頻繁，其程序數量應速召開空運小組檢
　　討會議商洽妥定，以期發揮運輸效力。（三廳、四
　　廳會有關單位辦）

三、全盤作戰檢討會議即將召開，其準備事項應速完
　　成。（三、四、五廳辦）

第九十九次作戰會報紀錄

時　　間：三十七年四月二十八日十六時

地　　點：兵棋室

出席人員：林次長　劉次長　方次長

　　　　　陸軍總部林參謀長　海軍總部周參謀長

　　　　　空軍總部周總司令　聯勤總部郭總司令

　　　　　總長辦公室錢主任　二廳侯廳長

　　　　　聯勤總部運輸署趙署長

　　　　　三廳羅廳長　　　　四廳楊廳長

　　　　　五廳劉廳長　　　　政工局鄧局長

　　　　　二廳三處林處長　　三廳毛副廳長

　　　　　三廳一處陳處長　　三廳三處周處長

　　　　　空軍總部三署徐署長

　　　　　空軍總部五署劉署長

列席人員：兵棋室唐主任　　　三廳一處羅參謀

　　　　　三廳一處曹參謀

主　　席：次長林

紀　　錄：周善化

裁決事項

一、空軍總部增編之警衛部隊，速擬編制呈核。（空軍
　　總部辦）

二、宿縣附近策反之三千餘人糧服問題，應速令顧總
　　司令主持，按照規定辦理。（四廳辦）

三、西康空運成都之 1(R) ／ 79D，改為汽車輸送。（三

廳、四廳辦）

四、臨汾方面應令太原綏署相機解圍，並以空軍加強
支援（三廳、空軍總部辦）

五、17D 及 61B 應即使用於郇縣方面，並與 82D、38D
密切聯繫，又應加強黃龍山之防務，鄂西大洪山、
桐栢山方面應催積極進剿。（三廳辦）

六、206D 之編配應按照新編制師之編制核實編成，此
項編配原則可先簽請主席核示，至西北請增編第二
線部隊十個旅一案，可分期酌量實施，其初期擬先
成立兩個旅，如奉主席核准後，再與西北行轅商洽
辦理。（五廳辦）

七、如何封鎖江北港汊，清查匪船，由海軍總部先擬
計劃呈核。

訓示事項

一、寶雞物資損失情形應速查報。（聯勤總部辦）

二、應速電衛總司令按照預定計劃如期實施，否則請
其本人即來京面議。（三廳辦）

三、據報 2PA 前後方之部隊大多腐化，應予注意檢舉。
（二廳、政工局、監察局辦）

四、82D 最近斬獲頗眾，應予宣傳。（政工局辦）

五、後調旅與第一線部隊充實狀況，下次由第四廳提
出報告，其後調旅訓練狀況亦應由陸總部提出報
告，以便第三廳考慮使用計劃。（五廳會三、四
廳、陸軍總部辦）

六、國軍全般調整方案，應先交有關單位主官研究，

爾後召開小組討論會研討，擬案呈核。（三廳辦）

第一〇〇次作戰會報紀錄

時　　間：三十七年五月五日十六時

地　　點：兵棋室

出席人員：林次長　劉次長　方次長

　　　　　陸軍總部林參謀長　海軍總部桂代總司令

　　　　　空軍總部周總司令　聯勤總部郭總司令

　　　　　總長辦公室錢主任　二廳侯廳長

　　　　　三廳羅廳長　　　　四廳楊廳長

　　　　　五廳劉廳長　　　　政工局鄧局長

　　　　　二廳三處林處長　　三廳許副廳長

　　　　　三廳一處陳處長　　三廳二處曹處長

　　　　　三廳三處周處長　　兵役局戴局長

　　　　　兵役局二處周處長

主　　席：次長林

紀　　錄：周善化

裁決事項

一、豫西國軍之補給須能適應三廳之作戰，應速準備
　　完成。（四廳辦）

二、由濰縣、昌樂突圍至即墨、臨沂及金嶺鎮各地軍
　　眷與難民，由政工局通知社會部速予救濟，並由
　　聯勤總部先予臨時救濟，又突圍之保安部隊亦應
　　由聯勤部予補給。（政工局、五廳、聯勤總部辦）

三、臨汾守軍之噴火器似可不予空投。（聯勤總部辦）

四、錦州 5600 塊鋼板速交空軍總部接收。（聯勤總

部、空軍總部辦）

五、劉軍長戡等之追悼會，本部可派員參加，並攜帶慰
勞品慰勞西北此次作戰有功之部隊。（政工局辦）

訓示事項

一、關於兵員補充，於本（五）月份內，錦州方面連同
已補充者應補足七萬人，六月份應再補足二萬人，
第二線部隊除 153B、154B、131B 外，其餘於本月
內應予補齊。（兵役局辦）

二、所存天津之械彈應運往錦州，按該方面部隊之需
要統籌分配。（聯勤總部辦）

三、第二線部隊之校閱由各訓練處於五月底實施。（陸
軍總部辦）

四、四、五、六，三個月，各後調旅每月裝備情形應列
表報部。（聯勤總部辦）

五、據十一綏區報稱，64D 兵員已補足，應再電該師
查報。（兵役局辦）

六、六五步槍彈現存若干，應速查報。（四廳辦）

第一一一次作戰會報紀錄

時　　間：三十七年八月十八日十六時

地　　點：兵棋室

出席人員：總長顧　林次長　李次長　蕭次長

　　　　　陸軍總部余總司令　　海軍總部桂總司令

　　　　　聯勤總部張副總司令　一廳毛廳長

　　　　　二廳侯廳長　　　　　總長辦公室錢主任

　　　　　三廳郭廳長　　　　　四廳蔡廳長

　　　　　五廳劉副廳長　　　　政工局鄧局長

　　　　　軍務局陳高參　　　　二廳三處林處長

　　　　　二廳曹副廳長

主　　席：總長顧

紀　　錄：周善化

訓示事項

一、西安綏署所屬各部隊（以旅為單位）之實力，應即列表呈核。（三廳辦）

二、黃維、杜聿明兩兵團所屬兵站，應速予配屬。（聯勤總部辦）

三、長春方面如何恢復機場，使空運容易，又對東北整個戰局應檢討呈核。（三廳辦）

四、整編軍及少數綏區撤銷，及新兵團成立後通信部隊方面增減狀況如何，應即列表呈閱。（四廳辦）

第一一二次作戰會報紀錄

時　　間：三十七年八月二十五日十六時

地　　點：兵棋室

出席人員：總長顧　　林次長　　劉次長

　　　　　李次長　　蕭次長

　　　　　陸軍總部余總司令　海軍總部桂總司令

　　　　　聯勤總部郭總司令　一廳毛廳長

　　　　　二廳侯廳長　　　　空軍總部劉參謀長

　　　　　總長辦公室車副主任

　　　　　三廳郭廳長　　　　四廳蔡廳長

　　　　　五廳沈廳長　　　　政工局鄧局長

　　　　　軍務局陳高參　　　二廳三處林處長

　　　　　二廳曹副廳長　　　三廳許副廳長

主　　席：總長顧

紀　　錄：周善化　王祺賢

裁決事項

一、長春國軍之官佐應加發副食實物，速擬案呈核。
　　（四廳辦）

二、青島方面應增加 1(B)，如不能由他方面轉用，得由
　　保安部隊就地改編，或另成立，速擬案簽請總統
　　核示。（五廳會三廳辦）

訓示事項

一、應即派員慰勞李彌兵團所部及在京之傘兵部隊，

慰勞金以每人金圓二角為標準，同時由一、三、四、五廳、政工局、兵役局派員視察 8A、9A 等部實力，並於本星期內出發。（政工局會一、三、四、五廳、兵役局辦）

二、中秋節如何犒賞國軍，速擬計劃呈核。（政工局會預算局、聯勤總部辦）

三、85D 應增設 1(R)，速簽案呈核。（五廳主辦）

四、如何訓練流亡青年五萬人，其所需之裝備（以青年軍個人裝備配賦為標準）、被服、營房、營具、教育設備、軍事幹部等等，約計若干，速列表呈部長閱。（四廳會預算局辦）

第一一三次作戰會報紀錄

時　　間：三十七年九月一日十六時

地　　點：兵棋室

出席人員：總長顧　林次長　劉次長

　　　　　李次長　蕭次長

　　　　　陸軍總部林參謀長　海軍總部桂總司令

　　　　　聯勤總部郭總司令　一廳蘇副廳長

　　　　　二廳侯廳長　　　　空軍總部劉參謀長

　　　　　總長辦公室錢主任　三廳郭廳長

　　　　　四廳蔡廳長　　　　五廳沈廳長

　　　　　政工局魏副局長　　軍務局陳高參

　　　　　二廳三處林處長　　二廳曹副廳長

　　　　　三廳一處陳處長

主　　席：總長顧

紀　　錄：周善化　王禩賢

裁決事項

一、32D 可增設一個旅。（五廳會兵役局辦）

二、交警九總隊調駐滁州、交七總隊調駐蚌埠等一帶，擔任護路。（三廳辦）

三、中秋犒賞國軍由各地自行辦理，不必另下令。（政工局辦）

四、以法幣搶購食糧之計劃，速擬呈核。（四廳辦）

五、前方部隊之補充以尚有戰力者為限，否則先補充後方整訓部隊。（四廳、聯勤總部、兵役局辦）

六、四川水泥公司如何維持或如何結束，應洽辦具報。
（聯勤總部辦）

七、應飭青島劉司令官撥一萬名新兵補充浙贛線之部
隊，並先由其他方面撥一萬名新兵補充青島之國
軍。（三廳辦）

八、十一綏區司令部應飭即進駐李村。（三廳辦）

九、子母堡，尤其子母碉，對目下剿匪已不適用，似
應廢止或妥為改良，並應速通令糾正前方將領倚
賴碉堡之錯誤觀念。（聯勤總部辦）

第一一四次作戰會報紀錄

時　　間：三十七年九月八日十六時

地　　點：兵棋室

出席人員：總長顧　林次長　劉次長　李次長　蕭次長

　　　　　陸軍總部余總司令　　海軍總部周參謀長

　　　　　二廳侯廳長　　　　　空軍總部劉參謀長

　　　　　總長辦公室錢主任　　三廳郭廳長

　　　　　四廳蔡廳長　　　　　五廳沈廳長

　　　　　政工局魏副局長　　　軍務局陳高參

　　　　　二廳三處林處長　　　三廳二處賴處長

　　　　　聯勤總部張副總司令　聯勤總部郭總司令

主　　席：顧

紀　　錄：周善化　王禩賢

裁決事項

一、對竄據遠安霧渡河之匪應積極進剿，■■驅出襄
　　河以西地區。（三廳辦）

二、N17B、N18B、15D編訓補充狀況如何，應速查報。
　　（四、五廳、兵役局辦）

三、沿江防務之調整應俟畢書文、馬師恭、許午言等
　　來京會商後再行實施。（三廳辦）

四、應令台灣校閱團確實校閱，詳細報告。（五廳辦）

五、傘兵訓練，如使其傘兵部隊之性能作為陸軍用，
　　應訓練若干人擬案呈核。（五廳主辦）

六、瀋陽方面就地購糧若干，又其糧荒情形如何，應

即派員剋日前往實地視察。（四廳、聯勤總部辦）

七、空軍濟南械彈應於明(九)日起儘速空運。（四廳辦）

八、濟南兵站部仍駐濟南，抑移駐青島，可自行調整。
（聯勤總部辦）

九、各軍（或整編師）編制內設置建制補給站案，應召
開小組研討後擬案呈核。（五廳會四廳、聯勤總
部辦）

十、據報廣州待補 154D 之新兵三個多月既未交撥，亦
無訓練，每天每人僅給六碗水飯，影響士氣極大，
應即嚴為查辦。（兵役局辦）

十一、全國各地倉庫之存品狀況應即普遍清查，又廣
州三十三軍械庫之存品如何處理，應速專案查
報。（四廳、聯勤總部辦）

十二、69D 人事異動太多，應查報。（一廳辦）

十三、44D 駐防過久，內部腐敗，走私甚熾，紀律廢
弛，應即由一、二、三、四、五廳派員會同視
察。（一廳主辦）

十四、83D 特務營營長黃幼衡率部投匪，對該員及該師
長如何懲處，又爾後如何防止此類事件。（一、
二廳、政工局辦）

十五、應即由工程署派二、三員隨同楊副主任愛源赴
太原修建工事，儘速出發。（聯勤總部辦）

十六、關於聯勤事項應列入督導手冊者，應於出發前
印發督導人員。（總長辦公室會聯勤總部）

十七、剿匪戰法研究班準備情形如何，應即報核，又
對調訓人員應速通知各部隊準備。（五廳辦）

第一一五次作戰會報紀錄

時　　間：三十七年九月十五日十五時

地　　點：兵棋室

出席人員：總長顧　林次長　劉次長

　　　　　李次長　蕭次長

　　　　　陸軍總部林參謀長　　海軍總部周參謀長

　　　　　二廳侯廳長　　　　　空軍總部劉副參謀長

　　　　　總長辦公室錢主任　　三廳郭廳長

　　　　　四廳蔡廳長　　　　　五廳沈廳長

　　　　　政工局鄧局長　　　　軍務局陳高參

　　　　　二廳三處林處長　　　三廳二處賴處長

　　　　　聯勤總部郭總司令　　聯勤總部張副總司令

　　　　　三廳一處陳處長　　　一廳毛廳長

主　　席：總長顧

紀　　錄：王禩賢

裁決事項

一、應令 7D、48D 訊速集中花園。（三廳辦）

二、各部隊改換番號後之新舊對照及部隊長姓名，速
　　列表呈閱。（五廳辦）

三、對於兵販子如何禁絕，及如何嚴懲，應擬有效實
　　施辦法呈核。（兵役局辦）

四、士兵待遇提高可予發表，師改軍番號應不發佈，
　　至於對外宣傳另擬案呈核。（政工局辦）

五、孝陵衛夏令營學生七百餘應如何安置，速專案簽

報。（政工局辦）

六、化學兵之訓練以不另設機構為原則，技術方面由兵
工署負責人員訓練，可於步校內設短期訓練班，並
速擬案簽報總統核示。（五廳會四廳、陸軍、聯勤
總部辦）

七、冬部隊冬服應儘速撥發運出。（聯勤總部辦）

八、空運濟南兵員、械彈及糧服應按緊急先後次序火速
趕運，又陸空聯絡電台應儘先空運。（四廳主辦）

九、對被俘放回官兵之處置辦法，應速查案呈核。（一
廳辦）

十、戰地禁止結婚，應查前案，並另擬辦法呈核。（一
廳辦）

第一一六次作戰會報紀錄

時　　間：三十七年九月二十二日十五時

地　　點：兵棋室

出席人員：總長顧　林次長　劉次長

　　　　　李次長　蕭次長

　　　　　陸軍總部余總司令　海軍總部朱署長

　　　　　二廳侯廳長　　　　空軍總部劉副參謀長

　　　　　總長辦公室錢主任　三廳郭廳長

　　　　　四廳張副廳長　　　五廳沈廳長

　　　　　政工局鄧局長　　　軍務局陳高參

　　　　　二廳三處林處長　　三廳二處賴處長

　　　　　聯勤總部郭總司令　聯勤總部張副總司令

　　　　　一廳蘇副廳長

主　　席：總長顧

紀　　錄：王禩賢

裁決事項

一、北寧路錦州至昌黎線，我軍作戰傷亡損失如何，應
　　飭查報。（三廳辦）

二、126B 開漢中，N7B 先以一個團開興山，到達後可
　　下令歸宜昌綏署指揮。（三廳辦）

三、濟南戰事之報導應由二、三廳研究後再行發表。
　　（政工局）

四、空投濟南之火焰放射器，應簽請總統核示後再行
　　決定。（四廳、聯勤總部辦）

五、赴瀋陽調查糧荒之視察人員可暫緩出發。（四廳、
聯勤總部辦）

六、由上海運徐州之橡皮舟是否需要，應與徐州剿總聯
絡研究後再予決定。（三廳、聯勤總部辦）

七、N13B 速運口岸鎮，又畢書文部應利用運 13B 原船
運蕪湖。（三廳辦）

八、台灣兩個師之輸送船舶應須若干，又接運時間必須
妥洽準備，並速擬案呈核。（四廳、聯勤總部辦）

九、津浦鐵路護路警備部之編制，速擬案呈核。（五廳
主辦）

第一一七次作戰會報紀錄

時　　間：三十七年九月二十九日十五時

地　　點：兵棋室

出席人員：部長何　林次長　劉次長

　　　　　李次長　蕭次長

　　　　　陸軍總部余總司令　　海軍總部桂總司令

　　　　　三廳一處陳處長　　　二廳侯廳長

　　　　　空軍總部劉副參謀長　總長辦公室錢主任

　　　　　三廳郭廳長　　　　　四廳蔡廳長

　　　　　五廳沈廳長　　　　　政工局鄧局長

　　　　　軍務局陳高參　　　　二廳三處林處長

　　　　　三廳二處賴處長　　　聯勤總部郭總司令

　　　　　聯勤總部張副總司令　一廳毛廳長

　　　　　兵役局戴局長

主　　席：部長何

紀　　錄：王禩賢

裁決事項

一、前由上海運徐州之橡皮舟應即停運，已運徐州者須
　　急運回。（聯勤總部辦）

二、今後本部承辦人事案須極端祕密，封鎖消息之洩露。
　　（一廳辦）

三、畢書文部應即派員慰問，並優予補充。（三、四廳、
　　聯勤總部、政工局辦）

四、津浦鐵路護路警備部名義，研究後確定之，並速

擬編制案呈核。（五廳主辦）

五、北寧路唐山之運煤路線是否暢通，應注意隨時查報。（四廳辦）

六、95D速由天津運葫蘆島，又台灣204D、205D船舶輸送之準備，應迅確計算時間，把握戰機。（三廳、聯勤總部辦）

七、8D急由煙台運葫蘆島，並增撥二營武器交海軍總部固守長山島，又對煙台兵工廠之機器須事先搬運長山島，必要時繼續南運。（三廳、聯勤、海軍總部辦）

八、對傅總司令之建議案應速擬實施計劃，簽請總統核示，又錦州防務應力求緊縮。（二廳辦）

九、張淦為兵團司令、張先煒為綏區司令一案可予發表。（一、三廳辦）

十、高級匪俘延安勞働英雄吳滿有、前中原邊區副主任楊涇曲，應先予短期訓練，適當利用，暫予放回。（政工局辦）

十一、應即下令凡沿海各遊雜部隊，統由海軍部收編整理，統率指揮。（三廳、海軍總部辦）

十二、策反匪軍工作須以前方匪軍部隊為限，後方之散匪應予禁止。（二廳辦）

十三、存鄭州之械彈可即運徐州存儲。（聯勤總部辦）

十四、濟南戰役應召開檢討會，先由三廳擬案呈核。（三廳辦）

十五、巴大維之建議案目前能否實施，由二、三、四、五廳廳長先召開小組會議研討之。（林次

　　　　長、三廳辦）

十六、每週作戰會報可請巴大維將軍列席，本部人員以

　　　　有關作戰之二、三、四廳廳長為限。（三廳辦）

第一一八次作戰會報紀錄

時　　間：三十七年十月六日十五時

地　　點：兵棋室

出席人員：總長顧　林次長　劉次長

　　　　　海軍總部周參謀長　　三廳一處陳處長

　　　　　二廳侯廳長　　　　　空軍總部劉副參謀長

　　　　　總長辦公室錢主任　　三廳趙副廳長

　　　　　四廳蔡廳長　　　　　政工局鄧局長

　　　　　軍務局陳高參　　　　三廳二處段科長

　　　　　聯勤總部張副總司令　一廳何副廳長

　　　　　二廳曹副廳長　　　　二廳三處林處長

主　　席：總長顧

紀　　錄：周善化　王禥賢

裁決事項

一、今後長期作戰如何加緊訓練補充補給，擬案呈
　　核。（一、五廳會四廳、兵役局、聯勤總部辦）

二、最近各大戰役參戰部隊如何補充訓練，使能迅速
　　恢復戰力，應即開會研討擬案呈核，關於兵員補
　　充應按預算計劃至遲於下（十一）月以前辦好，又
　　武器補充須與兵員補充及訓練相配合。（五廳會四
　　廳、兵役局、陸軍總部、聯勤總部辦）

三、66D、45A、88A、75A、31A、12A等部應速加緊補
　　充訓練，指定專人督練，並擬實施計劃呈核。（三
　　廳會四廳辦）

第一一九次作戰會報紀錄

時　　間：三十七年十月十三日十六時

地　　點：兵棋室

出席人員：部長何　總長顧　林次長

　　　　　劉次長　李次長　蕭次長

　　　　　陸軍總部林參謀長　　海軍總部周參謀長

　　　　　空軍總部周總司令　　聯勤總部郭總司令

　　　　　聯勤總部張副總司令　總長辦公室錢主任

　　　　　二廳侯廳長　　　　　三廳郭廳長

　　　　　四廳蔡廳長　　　　　五廳沈廳長

　　　　　一廳毛廳長　　　　　政工局鄧局長

　　　　　軍務局陳高參　　　　二廳曹副廳長

　　　　　二廳三處林處長　　　三廳一處陳處長

　　　　　三廳二處賴處長　　　巴大維將軍

主　　席：總長顧

紀　　錄：王禩賢

裁決事項

一、瀋陽方面應儘量發揮砲兵威力，集中使用，即電
　　衛總司令注意。（三廳辦）

二、如何增援錦州，應再擬案簽請總統核示。（三廳辦）

三、徐州方面作戰計劃，應研究■擬呈核。（三廳辦）

四、長山島兵力薄弱，可由海軍酌加部隊，又劉公島
　　防務重要，駐守部隊可暫不撤守，速電煙台王軍
　　長遵照實施。（三廳辦）

五、對各通訊社、報社之軍事消息應力求真確，以堅定民眾信心，於宣傳會報時提出研討。（政工局辦）

六、如何加強蘇北地方武力，肅清散匪，並防止民槍資匪，應研究擬案呈核。（保安局會三、四廳辦）

七、由漢口運西安之子彈六百萬發，准先空運。（四廳、聯勤總部辦）

八、天津、青島等地各工廠倉庫應否遷移，可先由二、三廳研究後再核。（聯勤總部、二、三廳辦）

九、第十五綏區撤銷後人員如何安置，速電華中剿總查詢，擬案呈核。（一廳辦）

十、李振清為十二綏區司令，司令部移駐鄭州，可即發表。（一、三廳辦）

十一、即令潘清洲先返原防整理 N18B，又 60B 暫不調動，速電白總司令徵詢意見。（二廳辦）

第一二〇次作戰會報紀錄

時　　間：三十七年十月二十日十五時

地　　點：本部兵棋室

出席人員：部長何　總長顧　林次長

　　　　　劉次長　李次長　蕭次長

　　　　　陸軍總部余總司令　　海軍總部周參謀長

　　　　　空軍總部劉副參謀長　聯勤總部張副總司令

　　　　　總長辦公室錢主任　　三廳郭廳長

　　　　　四廳蔡廳長　　　　　五廳沈廳長

　　　　　一廳何副廳長　　　　政工局李副局長

　　　　　軍務局陳高參　　　　二廳曹副廳長

　　　　　二廳三處林處長　　　巴大維將軍

主　　席：總長顧

紀　　錄：周善化　王禖賢

裁決事項

一、田家庵及賈旺等礦區應切實保護，嚴禁部隊扣留
　　車輛，影響煤運。（四廳會三廳辦）

二、如何肅清興城之匪，打通鐵運，又葫蘆島方面應
　　作萬一準備。（三廳研辦）

三、葫蘆島及營口方面應根據假設狀況作大量船舶輸
　　送計劃呈核，並作必要準備。（四廳主辦）

四、南陽方面應機動作戰，又該方面所需之棉服應速
　　運發。（三、四廳辦）

五、對濟南、泰安、兗州鐵路重要設施及其他重要目

標，應速連續轟炸，並將成果攝影呈閱，至所需
各車站重要設施之藍圖，可以部長或總長名義向
交通部函索，又由南太平洋運來之重磅炸彈尚有若
干，應查報。（空總辦）

六、第二線部隊整訓補充，務須儘速實施，至於今後
兵源如何徵補，尤應積極準備。（四、五廳、兵役
局速辦）

七、後調軍師長之人事命令，應速發表。（一廳辦）

八、黃河以北新鄉段之鐵道應儘速拆除，又徐州以南
某補給支線應速興修。（四廳辦）

九、即令 11PA 酌派部隊（含少數砲兵部隊）協助崆峒島
防務（三廳辦），並酌配帳篷若干。（聯勤總部辦）

十、太原所需化學戰劑可酌配發。（聯勤總部辦）

十一、目下部隊駐地及番號變化頗大，各單位待發公
文應確實查明部隊駐地後再發。（副官局辦）

第一二一次作戰會報紀錄

時　　間：三十七年十月二十七日十五時

地　　點：總長兵棋室

出席人員：部長何　　總長顧　　林次長

　　　　　劉次長　李次長　蕭次長

　　　　　陸軍總部林參謀長　海軍總部周參謀長

　　　　　空軍總部周總司令　聯勤總部張副總司令

　　　　　聯勤總部呂參謀長　總長辦公室曾副主任

　　　　　三廳郭廳長　　　　三廳許副廳長

　　　　　四廳蔡廳長　　　　五廳沈廳長

　　　　　一廳毛廳長　　　　政工局李副局長

　　　　　軍務局陳高參　　　二廳曹副廳長

　　　　　二廳三處林處長

主　　席：部長何

紀　　錄：周善化

裁決事項

一、瀋陽方面被俘逃回之官佐，應令衛總司令就地安
　　插，如有剩餘可調衢州附近集訓，徐州方面被俘逃
　　回之官佐，其處理辦法以調訓資遣組、突擊隊、
　　回原部隊及分發墾區等為原則，由第一廳派員會
　　同徐州剿總迅速辦理具報，西安方面已收訓之無
　　職軍官政訓後就地補充部隊，爾後無職軍官不得
　　再予收容。（一廳辦）

二、後調湘贛方面補訓部隊之軍師長，應限期到任視

事，不得延誤。（一廳辦）

三、太原綏署請發之武器可酌予運補。（聯勤總部辦）

四、華中剿總請發柴油一案，可交四廳核辦。（聯勤總部辦）

五、青島庫存工程器材可核發十一綏區應用。（聯勤總部辦）

六、準備機動作戰之軍略要地，其重要交通器材及設備應先行疏散，其不克先行疏散者應於必要時澈底破壞之，以免資匪。（四廳辦）

七、皖南指揮所主任由馬軍長師恭兼任，負責清剿該區之匪，其指揮系統擬案呈核，又人事方面之牽制應速設法解決。（三廳會一廳辦）

八、南京附近之二線部隊，經四個月之訓練鮮著績效，應速詳加檢討，詳定進度，輪流督訓，嚴加賞罰，又台灣警備旅缺乏戰場心理訓練（如實彈對抗演習），應令迅速實施。（五廳主辦）

九、全國獨立及建制砲兵之現狀應速檢討，對即將運到之美式山砲，其人員及訓練應即妥為準備，該砲以由中央集中訓練，爾後分交部隊為宜。（五廳主辦）

十、31A之砲兵團似可不予解散，改為獨立砲兵團。（五廳研辦）

十一、本部主管單位應隨時派員視察督導部隊。（總長辦公室辦）

十二、海軍總部請將塘沽新港之駁船調派營口一節，速與交通部洽辦。（四廳辦）

第一二二次作戰會報紀錄

時　　間：三十七年十一月三日十五時

地　　點：總長兵棋室

出席人員：部長何　總長顧　林次長

　　　　　劉次長　李次長　蕭次長

　　　　　陸軍總部余總司令　　海軍總部周參謀長

　　　　　空軍總部周總司令　　聯勤總部郭總司令

　　　　　聯勤總部張副總司令　總長辦公室錢主任

　　　　　三廳郭廳長　　　　　三廳許副廳長

　　　　　四廳蔡廳長　　　　　五廳副廳長

　　　　　一廳毛廳長　　　　　政工局李副局長

　　　　　軍務局陳高參　　　　二廳曹副廳長

　　　　　二廳三處林處長　　　三廳二處賴處長

主　　席：部長何

紀　　錄：周善化　王禩賢

裁決事項

一、對於今後全般作戰計劃應有遠大眼光，使如何支持
　　目前作戰，並充實部隊實力，以求將來勝利，尤須
　　妥善打算，深切研究，詳擬計劃呈核。（三廳會四
　　廳、五廳辦）

二、華北方面如何調整作戰部署，又徐州方面如何求得
　　勝利，應速妥為研究，並於五天內詳擬有利方案
　　呈核。（三廳辦）

三、如何培養士氣提高部隊作戰信心，並疏導難民，安

定秩序,速擬有效辦法呈核。(一廳、政工局辦)

四、可令各地保安司令部澈底肅清轄區散匪,斷然執
　行,事前應妥為準備劃分清剿區域,積極實施。
　(三廳辦)

五、瀋陽、錦州、濟南、兗州等地重要目標仍應作大
　規模之連續轟炸,並將成果攝影隨時呈閱。(空軍
　總部辦)

第一二三次作戰會報紀錄

時　　間：三十七年十一月十日十五時

地　　點：總長兵棋室

出席人員：部長何　總長顧　林次長

　　　　　劉次長　李次長　蕭次長

　　　　　陸軍總部余總司令　　海軍總部周參謀長

　　　　　空軍總部劉副參謀長　聯勤總部張副總司令

　　　　　總長辦公室錢主任　　三廳郭廳長

　　　　　二廳侯廳長　　　　　四廳蔡廳長

　　　　　五廳沈廳長　　　　　一廳何副廳長

　　　　　政工局鄧局長　　　　軍務局陳高參

　　　　　二廳曾副廳長　　　　二廳三處林處長

　　　　　三廳二處賴處長

主　　席：部長何

紀　　錄：王禩賢

裁決事項

一、至阜陽之補給線應積極籌劃，至正陽關段之船隻
　　尤須大批準備，力求運輸暢通。（四廳辦）

二、駐常州之 52A，即由一、四、五廳、政工局派員慰
　　問並優予補充。（四廳、政工局主辦）

三、今後宣傳應不遠離事實，又對馮治安兵變之謠
　　傳，應待馮本人來京發表談話闢謠，並迅擬稿呈
　　核。（政工局辦）

四、徐州糧食應作充分儲備，並即撥現洋派員就地徵

購，能購多少算多少。（聯勤總部辦）

五、凡徐州區域內部隊、機關、學校之待遇，自本（十一）月十一日起可增加三倍發給，又徐州貯存罐頭食品可全部撥發，慰勞前線作戰部隊。（聯勤總部辦）

六、南京、上海、蕪湖自明（十一）日起宣布戒嚴，該項命令於發後並抄副稿送行政院。（三廳辦）

七、目前各地部隊傷兵副食差價與現價相懸過殊，如何酌予調整，應研究擬案呈核。（聯勤總部辦）

八、第二線部隊整訓情形應逐週列表呈閱。（五廳辦）

九、蘇北揚州應酌派部隊防守，又首都衛戍兵力須妥為部署。

第一二四次作戰會報紀錄

時　　間：三十七年十一月十七日十五時

地　　點：總長兵棋室

出席人員：缺

主　　席：總長顧

紀　　錄：王襢賢

裁決事項

一、由榆林空運太原部隊應以團為單位，儘速趕運，又
　　黃兵團之糧彈務先設法空投，爾後視情況繼續空
　　運徐州。（四廳辦）

二、徐州方面作戰有力部隊之兵員武器應速予補充，
　　並可將該方面現有之地方團隊儘可能撥黃兵團
　　64A、100A 等部，使迅速恢復戰力。（四廳、五
　　廳、兵役局、保安局辦）

三、據報浦口待命之復職軍官滋擾交通，影響秩序，
　　應速疏運衡陽等地集訓，又全國所有策反投誠之
　　匪軍如何安置、訓練、運用，速擬案呈核。（五廳
　　主辦）

四、全國各部隊武器補充次序與數量分配亟應調整，
　　可召開小組檢討商討核之。（四廳主辦）

五、徐州會戰後人事如何整理，本部應即著手準備，
　　並速擬案呈核。（一廳主辦）

六、長山島海軍陸戰隊所需武器可予撥發，又劉安祺
　　任意扣留軍用物資，可重申前令，速予阻止。（四

廳、聯勤總部辦）

七、劉公島防務如何處理，應與海軍總部妥為研究後擬
案呈核。（三廳辦）

八、今後重要軍事機密須設法避免利用交通部電台，如
不得已時亦應指定專人聯絡，規定記號，謹防宣
洩，並擬有效防護辦法呈核。（二廳會通信署辦）

九、第三廳印發之戰報除總統一份仍應繕呈外，餘自
即（十七）日起停止分送，過去已送之戰報應通令
各單位一律繳焚，並自明（十八）日起每日午前
十一時由第三廳作情況報告（地點仍為兵棋室），
出席人員以一、二、三、四、五廳廳長、聯勤郭總
司令、空軍周總司令等為限，但每星期三下午之作
戰會報仍照常舉行。（總長辦公室、第三廳辦）

第一二五次作戰會報紀錄

時　　間：三十七年十一月二十五日十五時

地　　點：總長兵棋室

出席人員：部長何　林次長　蕭次長　李次長

　　　　　陸軍總部林參謀長　　海軍總部周參謀長

　　　　　空軍總部周總司令　　聯勤總部張副總司令

　　　　　總長辦公室錢主任　　聯勤總部郭總司令

　　　　　三廳郭廳長　　　　　二廳侯廳長

　　　　　四廳張副廳長　　　　一廳毛廳長

　　　　　政工局李副局長　　　軍務局陳高參

　　　　　二廳曹副廳長　　　　二廳三處林處長

　　　　　三廳二處賴處長

主　　席：部長何

紀　　錄：王禊賢

裁決事項

（一）徐州彈藥糧食仍應繼續空運。（四廳辦）

（二）美顧問團及武官處所需之情報，應由二廳統一
　　　供給。（二廳辦）

（三）黃維兵團後方補給線如何解決，應速擬案呈核。
　　　（四廳、聯勤總部辦）

（四）據報浦口秩序紊亂，並有不肖軍民買賣軍火情
　　　事，應速派大員前往整頓嚴予查究具報。（衛
　　　戍總部辦）

（五）即令衛戍總部張總司令火速到差視事，又留浦

　　　　口之恢復軍官大隊應速派船運送衡陽集訓。（第
　　　　一廳、聯勤總部辦）

（六）由徐州空運後方之傷兵如何疏運安置，速擬辦法
　　　　呈核。（聯勤總部辦）

（七）渤海方面對匪海上封鎖，應嚴密注意加緊實施，
　　　　並將匪軍海運情形隨時列表呈閱。（海軍總部辦）

民國史料 73
國防部作戰會報紀錄
（1946-1948）

Warfare Meeting Minutes,
Ministry of National Defense, 1946-1948

主　　編　陳佑慎
總 編 輯　陳新林、呂芳上
執行編輯　林弘毅
助理編輯　李承恩、詹鈞誌
封面設計　溫心忻
排　　版　溫心忻、施宜伶

出　　版　🛡 開源書局出版有限公司
　　　　　香港金鐘夏愨道 18 號海富中心
　　　　　1 座 26 樓 06 室
　　　　　TEL：+852-35860995

　　　　　🌼 民國歷史文化學社 有限公司
　　　　　10646 台北市大安區羅斯福路三段
　　　　　　　　37 號 7 樓之 1
　　　　　TEL：+886-2-2369-6912
　　　　　FAX：+886-2-2369-6990

初版一刷　2022 年 6 月 30 日
定　　價　新台幣 400 元
　　　　　港　幣 110 元
　　　　　美　元 15 元
I S B N　978-626-7157-28-2
印　　刷　長達印刷有限公司
　　　　　台北市西園路二段 50 巷 4 弄 21 號
　　　　　TEL：+886-2-2304-0488

http://www.rchcs.com.tw

國家圖書館出版品預行編目 (CIP) 資料
國防部作戰會報紀錄 (1946-1948) = Warfare
meeting minutes, Ministry of National Defense,
1946-1948/ 陳佑慎主編 . -- 初版 . -- 臺北市：民
國歷史文化學社有限公司 , 2022.06

　　面；　公分 . -- (民國史料；73)

ISBN 978-626-7157-28-2　（平裝）

1.CST: 國防部 2.CST: 軍事行政　3.CST: 會議實錄

591.22　　　　　　　　　　111009140